AF202391

TRAINING

Gymnasium

Stochastik
Fit für die Oberstufe

Sybille Reimann

Autorin: Sybille Reimann, Lehrerin für Mathematik und Physik, begleitete bereits mehrere Hundert bayerische Gymnasiasten durch das Abitur. Seit vielen Jahren schon schreibt sie Bücher im STARK Verlag. Ihre Devise: Mathematik muss kein „Horror" sein, sondern kann richtig Spaß machen. Denn: in Mathematik kann jeder Schüler durch Übung zum Meister werden!

© 2019 Stark Verlag GmbH
www.stark-verlag.de
1. Auflage 2013

Das Werk und alle seine Bestandteile sind urheberrechtlich geschützt. Jede vollständige oder teilweise Vervielfältigung, Verbreitung und Veröffentlichung bedarf der ausdrücklichen Genehmigung des Verlages. Dies gilt insbesondere für Vervielfältigungen, Mikroverfilmungen sowie die Speicherung und Verarbeitung in elektronischen Systemen.

Inhalt

Autorin: Sybille Reimann

Vorwort

Liebe Schülerin, lieber Schüler,

die Stochastik bzw. Wahrscheinlichkeitsrechnung entstand aus Überlegungen zu Glücksspielen, weil jeder Mensch möglichst oft und viel gewinnen möchte. Derjenige, der über die Wahrscheinlichkeit des Eintretens eines Ereignisses Bescheid weiß, ist klar im Vorteil. Spiele – sei es mit Würfel, Tetraeder oder Glücksrädern – tauchen daher in diesem Buch immer wieder auf, um Ihnen den Stoff, den die **Lehrpläne der Unter- und Mittelstufe** vorgeben, nahezubringen. Spielen Sie mit!

Die Regeln dazu geben Sie selbst vor:
- Sie können das Buch nutzen, um den Stoff der Unter- und Mittelstufe **vor Beginn der Oberstufe** in seiner Gesamtheit zu wiederholen, damit alles wieder „sitzt".
- **Während der Oberstufe** können Sie die Kapitel wiederholen, bei denen Sie Lücken feststellen, die Sie schnell schließen möchten.
- Sie können sich aber auch schon **in den Klassen 5 bis 10** im Buch Hilfe holen, wenn Sie den einen oder anderen Begriff über das Schulbuch hinaus durch ausführlich gerechnete Beispiele oder Übungsaufgaben festigen möchten.

In jedem Kapitel finden Sie:
- **Definitionen** in getönten und **Regeln** in umrandeten Kästen
- **Beispiele** mit kommentierten Lösungen, die Ihnen zeigen, wie Sie an Aufgaben herangehen
- Viele **Übungsaufgaben**, damit Sie Ihr Wissen selbstständig kontrollieren können

Am Ende des Buches können Sie **ausführliche Lösungen** zu allen Übungsaufgaben nachschlagen. Damit können Sie sich selbst überprüfen und Ihren Lernerfolg bestätigt finden.

Viel Spiel-Spaß und viel Erfolg!

Sybille Reimann

1 Zufallsexperiment, Ergebnis, Ergebnismenge

Im (Schul-)Leben treten zwei Arten von Experimenten auf:

- Experimente, bei denen der Versuchsausgang vorhersehbar ist. So weiß man, dass sich eine Feder dehnen wird,
  sobald man ein Gewicht an sie hängt, auch wenn man die
  Länge dieser Ausdehnung zunächst nicht vorhersehen
  kann. Der Versuch wird mit verschiedenen Gewichten
  (und auch verschiedenen Federn) wiederholt. Stets wird
  die Länge der Ausdehnung gemessen, die ein bestimmtes
  Gewicht bei einer bestimmten Feder bewirkt, um aus den
  Messwerten eine Gesetzmäßigkeit zwischen der Größe
  des Gewichts und der Länge der Ausdehnung (bei einer
  bestimmten Feder) ableiten zu können. Bei dieser Feder
  können dann die Längen der Ausdehnungen auch für
  andere Gewichtsgrößen berechnet werden.

- Experimente, bei denen zwar vorhersehbar ist, welche
  Versuchsausgänge möglich sind, man aber nicht vorhersehen kann, welcher von diesen möglichen Versuchsaus-
  gängen sich beim nächsten Versuch ergibt. So weiß man,
  dass beim Werfen eines handelsüblichen Würfels eine der
  Augenzahlen 1, 2, 3, 4, 5 oder 6 geworfen wird. Die sich
  ergebende Augenzahl ist bei jedem Versuch „zufällig",
  sie ist weder vorhersehbar noch berechenbar.
  Derartige Experimente nennt man **Zufallsexperimente**.

In diesem Buch werden ausschließlich Zufallsexperimente betrachtet und näher
behandelt.

Definition

Jeden bei einem Zufallsexperiment möglichen Versuchsausgang nennt man ein
Ergebnis ω des Zufallsexperiments. Die Menge aller Ergebnisse eines Zufallsexperiments nennt man die zugehörige **Ergebnismenge Ω**.

Es gilt also:
$\Omega = \{\omega_1; \omega_2; \omega_3; \dots ; \omega_n\}$ mit $n \in \mathbb{N}$, wobei jedes mögliche Ergebnis in Ω genau
einmal aufgeführt sein muss.

Bei vielen Zufallsexperimenten können – je nach Betrachtungsweise bzw. Sachlage – verschiedene Ergebnismengen angegeben werden. In allen Ergebnismengen muss aber jeder mögliche Versuchsausgang des Zufallsexperiments genau einmal enthalten sein.

Definition

Die Anzahl der Ergebnisse in Ω nennt man die **Mächtigkeit** von Ω, kurz $|\Omega|$.

Beispiele

1. Aus der Schale mit 8 farbigen und 2 weißen Kugeln wird eine Kugel gezogen.
   Geben Sie die Ergebnismenge und ihre Mächtigkeit an.

   Lösung:
   Die Ergebnismenge Ω lautet:
   $\Omega = \{\text{weiß; farbig}\}$
   Mächtigkeit der Ergebnismenge:
   $|\Omega| = 2$

2. Ein Tetraeder, auf dessen vier Seiten sich die Ziffern 1, 2, 3 und 4 befinden, wird geworfen.
   Geben Sie eine mögliche Ergebnismenge an.

   Lösung:
   Mögliche Ergebnismengen lauten:
   $\Omega_1 = \{1; 2; 3; 4\}$
   $\Omega_2 = \{1; \text{nicht } 1\}$
   $\Omega_3 = \{\text{prim; nicht prim}\}$

   Bemerkungen:
   - Eine Primzahl ist eine natürliche Zahl, die nur durch 1 und sich selbst teilbar ist. Primzahlen unter 100 sind: 2, 3, 5, 7, 11, 13, 17, 19, 23, 29, 31, 37, 41, 43, 47, 53, 59, 61, 67, 71, 73, 79, 83, 89, 97.
     Die Eigenschaft „prim" umfasst daher 2 und 3, „nicht prim" 1 und 4.
   - Die Ergebnismenge Ω_2 könnte bei einem Spiel von Interesse sein.
   - $\{\text{kleiner } 2; \text{größer } 2\}$ ist **keine** Ergebnismenge, da 2 als mögliches Ergebnis nicht in der Ergebnismenge enthalten ist.

3. Aus der Schale wird eine Kugel gezogen.
   Bestimmen Sie ein mögliches Ω.

Lösung:
Auch hier können je nach Betrachtungsweise unterschiedliche Ergebnismengen angegeben werden.

$\Omega_1 = \{$weiß; farbig$\}$

$\Omega_2 = \{$groß; mittel; klein$\}$

$\Omega_3 = \{$groß-farbig; mittel-farbig; klein-farbig; mittel-weiß; klein-weiß$\}$

Bemerkungen:
- Bei Ω_1 ist man nur an der Farbe interessiert.
- Bei Ω_2 ist man nur an der Größe der Kugel interessiert.
- Ω_3 ist hier die **„feinste"** Ergebnismenge.

Definition

> Werden mehrere (Anzahl n) Zufallsexperimente nacheinander ausgeführt oder wird ein Zufallsexperiment mehrmals (n-mal) wiederholt, so lässt sich dies zu einem **mehrstufigen (n-stufigen) Zufallsexperiment** zusammenfassen. Jedes einzelne Ergebnis eines solchen n-stufigen Zufallsexperiments ist ein **n-Tupel ($e_1 | e_2 | e_3 | \ldots | e_n$)**, bei dem e_i das Ergebnis des i-ten Experiments angibt.

Hinweis: Da es häufig sehr umständlich ist, innerhalb der Ergebnismenge einzelne Tupel wie z. B. $(a | b | d | z)$ zu schreiben, benutzt man meist anstelle eines Tupels die **abkürzende Schreibweise** abdz (das erspart dann die vielen runden Klammern und die Trennstriche bei jedem einzelnen Tupel).

Beispiele

1. Ein Restaurant bietet ein dreigängiges Mittagsmenü an, bei dem der Gast zwischen Tomatensuppe (T) und Nudelsuppe (N), zwischen Schweinsbraten (S), Fischfilet (F) und Gemüseplatte (G) sowie zwischen Eis (E) und Kuchen (K) wählen kann.
   Geben Sie eine mögliche Ergebnismenge an.

   Lösung:
   Eine mögliche Wahl wäre hier das 3-Tupel $(T | F | K)$, das sich kürzer als TFK schreiben lässt (siehe Hinweis).

   $\Omega = \{$TSE; TSK; TFE; TFK; TGE; TGK; NSE; NSK; NFE; NFK; NGE; NGK$\}$

2. Geben Sie eine mögliche Ergebnismenge an, wenn das Tetraeder mit den Seiten 1, 2, 3 und 4 zweimal hintereinander geworfen wird.

   Lösung:

   Hier lassen sich verschiedene Ergebnismengen angeben:

   $\Omega_1 = \{11;\ 12;\ 13;\ 14;\ 21;\ 22;\ 23;\ 24;\ 31;\ 32;\ 33;\ 34;\ 41;\ 42;\ 43;\ 44\}$

   $\Omega_2 = \{\text{Pasch; nicht Pasch}\}$ Beim Pasch erscheint zweimal dieselbe Ziffer.

   $\Omega_3 = \{2;\ 3;\ 4;\ 5;\ 6;\ 7;\ 8\}$ „Augensumme"

3. Geben Sie die zugehörige Ergebnismenge an, wenn aus der Vase

   a) dreimal **hintereinander** eine Kugel **mit Zurücklegen** gezogen wird.

   b) dreimal **hintereinander** eine Kugel **ohne Zurücklegen** gezogen wird.

   c) drei Kugeln **nicht hintereinander**, sondern **gleichzeitig** gezogen werden.

   Lösung:

   a) Mögliche Ergebnismengen lauten (mit w für weiß und f für farbig):

   $\Omega_1 = \{3\ \text{w};\ 2\ \text{w};\ 1\ \text{w};\ \text{kein w}\}$

   $\Omega_2 = \{\text{www; wwf; wfw; fww; wff; fwf; ffw; fff}\}$

   b) Da nicht zurückgelegt wird, können höchstens zwei weiße Kugeln gezogen werden. Somit lauten mögliche Ergebnismengen:

   $\Omega_1 = \{2\ \text{w};\ 1\ \text{w};\ \text{kein w}\}$

   $\Omega_2 = \{\text{wwf; wfw; fww; wff; fwf; ffw; fff}\}$

   c) Das gleichzeitige Ziehen entspricht einem Ziehen ohne Zurücklegen, bei dem es nicht auf die Reihenfolge ankommt, da man einmal in die Vase greift und dann drei Kugeln „ohne Ordnung" in der Hand hält. In der Ergebnismenge können somit höchstens zwei weiße Kugeln vorhanden sein. Eine mögliche Ergebnismenge lautet:

   $\Omega_1 = \{2\ \text{w};\ 1\ \text{w};\ \text{kein w}\}$

   Möglich wäre auch $\Omega_2 = \{\text{fww; ffw; fff}\}$, aber **Vorsicht!** Man muss sich im Klaren sein, dass es sich bei dieser Aufzählung nicht um Tupel handelt, die ja eine Reihenfolge implizieren! Es empfiehlt sich eine Anmerkung, z. B. „in alphabetischer Reihenfolge aufgelistet" o. Ä.

Aufgaben **1.** Ein Farbwürfel, von dessen sechs Seiten zwei rot, zwei blau und je eine gelb bzw. weiß gefärbt sind, wird geworfen.
Geben Sie die Ergebnismenge an.

2. Wie lautet die zugehörige Ergebnismenge, wenn der Farbwürfel aus Aufgabe 1 zweimal hintereinander geworfen wird?

3. Aus einem Skatspiel wird eine Karte gezogen und ihre Farbe notiert.

Bestimmen Sie die zugehörige Ergebnismenge.

4. Paul besitzt in seinem Garten zwei Apfelbäume und je einen Birn- und einen Kirschbaum, die er heute nacheinander schneiden will.

a) Geben Sie die Ergebnismenge an.

b) Geben Sie die Ergebnismenge an, wenn Paul seine beiden Apfelbäume nach den Sorten „frühe Ernte" (F) und „späte Ernte" (S) unterscheidet.

5. Wie lautet die Ergebnismenge, wenn aus den Ziffern 1, 2, 3 und 4 dreistellige Zahlen gebildet werden, in denen keine Ziffer mehrmals vorkommt?

6. Aus den Ziffern 1, 2, 3 und 4 werden dreistellige Zahlen gebildet, in denen jede Ziffer beliebig oft vorkommen kann.
Ermitteln Sie die Ergebnismenge und ihre Mächtigkeit.

7. Welche Ergebnismenge beschreibt die Auswahl von zwei aus fünf vorgelegten Prüfungsaufgaben A, B, C, D und E?

8. In einem Blumenladen gibt es Tulpen in den Farben gelb, lila, orange, pink, rot und weiß. Es sollen bunte Sträuße gebunden werden, in denen jeweils vier dieser Farben vorkommen. Geben Sie die zugehörige Ergebnismenge an.

2 Ereignis, Gegenereignis, Schnitt- und Vereinigungsmenge

Diana ist zu Besuch bei Laura und hat eine große
Tüte Gummibärchen und einen Tetraeder-
Würfel mitgebracht. Zur Verteilung der Gummibärchen haben sich Diana und Laura folgendes Spiel ausgedacht:
Es werden 5 Gummibärchen aus der Tüte auf
den Tisch gelegt. Dann würfeln sowohl Diana als
auch Laura einmal mit dem Tetraeder-Würfel. Ist
die Summe der Augenzahlen kleiner als 5, so erhält
Diana die 5 Gummibärchen, ist die Augensumme größer
als 5, so gehören die Gummibärchen Laura, und sollte die Augensumme genau 5
sein, so darf Lauras kleine Schwester die Gummibärchen essen.
Nun interessiert sich Diana nur noch für die Ergebnisse beim Würfeln, die der
Menge {11; 12; 21; 13; 31; 22} angehören. Für Laura ist es wichtig, dass ein Ergebnis aus der Menge {24; 42; 33; 34; 43; 44} gewürfelt wird, und Lauras kleine
Schwester freut sich über jedes Ergebnis aus der Menge {14; 41; 23; 32}.

Definition

> Jede Teilmenge E der zu einem Zufallsexperiment gehörigen Ergebnismenge Ω
> nennt man ein **Ereignis** dieses Zufallsexperiments: $E \subseteq \Omega$
> Ergibt sich bei der Ausführung des Zufallsexperiments ein Ergebnis ω, das in E
> enthalten ist (also $\omega \in E$), so sagt man: **E ist eingetreten.**

Sowohl die leere Menge (in Zeichen { } oder $\emptyset$) als auch die Menge Ω selbst
sind Teilmengen von Ω.

Definition

> Falls E = { }, so heißt E **unmögliches Ereignis** (es kann nicht eintreten).
> Falls E = Ω, so heißt E **sicheres Ereignis** (es tritt immer ein).

Beispiele

1. Ein Restaurant bietet ein dreigängiges Mittagsmenü an, bei dem der Gast
   zwischen Tomatensuppe (T) und Nudelsuppe (N), zwischen Schweinsbraten (S), Fischfilet (F) und Gemüseplatte (G) sowie zwischen Eis (E)
   und Kuchen (K) wählen kann.
   Welche Menü-Auswahl bietet sich einem Vegetarier?
   Lösung:
   E = {TGE; TGK; NGE; NGK}

2. Ein Tetraeder mit den Seiten 1, 2, 3 und 4 wird zweimal hintereinander geworfen.
   Bestimmen Sie folgende Ereignisse:
   E_1: „Beim ersten Wurf fällt eine Primzahl."
   E_2: „Beim zweiten Wurf erscheint keine 3."
   E_3: „Die Augensumme ist größer als 6."

   Lösung:

   $E_1 = \{21, 22; 23; 24; 31; 32; 33; 34\}$
   $E_2 = \{11; 12; 14; 21; 22; 24; 31; 32; 34; 41; 42; 44\}$

   Für E_3 lassen sich verschiedene Mengen angeben:
   $E_3 = \{34; 43; 44\}$
   oder
   $E_3 = \{7; 8\}$

3. Gegeben sind die beiden Ereignisse
   E_1: „mindestens zwei weiße Kugeln",
   E_2: „drei gleichfarbige Kugeln".
   Geben Sie jeweils die Ereignismengen
   an, wenn aus der Schale drei Kugeln

   a) hintereinander mit Zurücklegen

   b) hintereinander ohne Zurücklegen

   c) gleichzeitig

   gezogen werden.

   Lösung:

   a) Mit w für weiß und f für farbig gilt:
      $E_1 = \{2\text{ w}; 3\text{ w}\}$ oder $E_1 = \{\text{wwf; wfw; fww; www}\}$
      $E_2 = \{3\text{ w}; \text{kein w}\}$ oder $E_2 = \{3\text{ w}; 3\text{ f}\}$ oder $E_2 = \{\text{www; fff}\}$

   b) Da nicht zurückgelegt wird, können höchstens zwei weiße Kugeln gezogen werden.
      $E_1 = \{2\text{ w}\}$ oder $E_1 = \{\text{wwf; wfw; fww}\}$
      $E_2 = \{\text{kein w}\}$ oder $E_2 = \{3\text{ f}\}$ oder $E_2 = \{\text{fff}\}$

   c) Das gleichzeitige Ziehen entspricht einem Ziehen ohne Zurücklegen, bei dem es nicht auf die Reihenfolge ankommt, da man einmal in die Schale greift und dann drei Kugeln „ohne Ordnung" in der Hand hält (siehe auch Kapitel 1).

      $E_1 = \{2\text{ w}\}$ oder $E_1 = \{\text{fww}\}$

      hier in alphabetischer Reihenfolge aufgelistet, da die Reihenfolge unerheblich ist

      $E_2 = \{\text{kein w}\}$ oder $E_2 = \{3\text{ f}\}$ oder
      $E_2 = \{\text{fff}\}$

Definition

> Alle Elemente der Ergebnismenge, die **nicht** in E enthalten sind, bilden das
> **Gegenereignis $\overline{E}$** (sprich: E quer).

Veranschaulichung mithilfe eines Mengen-
diagramms:

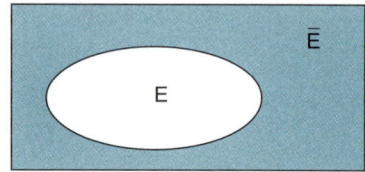

Regel

> Ist E das unmögliche Ereignis, so ist $\overline{E}$ das sichere Ereignis: $E = \{\} \Leftrightarrow \overline{E} = \Omega$
>
> Ist E das sichere Ereignis, so ist $\overline{E}$ das unmögliche Ereignis: $E = \Omega \Leftrightarrow \overline{E} = \{\}$

Beispiel

Das Tetraeder wird zweimal hintereinander
geworfen. Bestimmen Sie zu folgenden
Ereignissen jeweils das Gegenereignis, indem Sie sowohl die zugehörige Menge als
auch die Wortform angeben.

E_1: „Beim ersten Wurf fällt eine Primzahl."
E_2: „Beim zweiten Wurf erscheint keine 3."
E_3: „Die Augensumme ist größer als 6."

Lösung:

Gegenereignis zu E_1 als Menge:
$\overline{E_1} = \{11; 12; 13; 14; 41; 42; 43; 44\}$

Beim ersten Wurf muss also
eine 1 oder 4 fallen.

Gegenereignis zu E_1 in Wortform:
$\overline{E_1}$: „beim ersten Wurf keine Primzahl"

Gegenereignis zu E_2 als Menge:
$\overline{E_2} = \{13; 23; 33; 43\}$

Beim zweiten Wurf muss
eine 3 gewürfelt werden.

Gegenereignis zu E_2 in Wortform:
$\overline{E_2}$: „beim zweiten Wurf eine 3"

Gegenereignis zu E_3 als Menge:
$\overline{E_3} = \{11; 12; 13; 14; 21; 22; 23; 24; 31; 32; 33; 41; 42\}$

Das Gegenteil von größer 6
ist kleiner oder gleich 6.

oder $\overline{E_3} = \{2; 3; 4; 5; 6\}$

Gegenereignis zu E_3 in Wortform:
$\overline{E_3}$: „Augensumme kleiner oder gleich 6"

oder $\overline{E_3}$: „Augensumme höchstens 6"

Definition

Sind für ein Zufallsexperiment mit der Ergebnismenge Ω zwei Ereignisse E_1 und E_2 festgelegt, so gehören zur **Schnittmenge $E_1 \cap E_2$** (sprich: E_1 geschnitten E_2) alle Ergebnisse, die **sowohl** in E_1 **als auch** in E_2 enthalten sind.

Veranschaulichung mithilfe eines Mengen-diagramms:

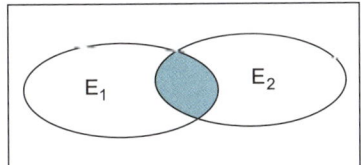

Definition

Gilt $E_1 \cap E_2 = \{\ \}$, so sind E_1 und E_2 **unvereinbar**.

Veranschaulichung mithilfe eines Mengen-diagramms:

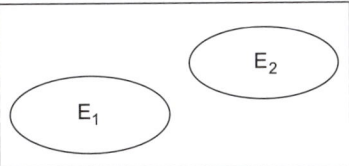

Regel

Ein Ereignis E und sein Gegenereignis $\overline{E}$ sind stets unvereinbar.

Bemerkung: Haben zwei Ereignisse mindestens ein Element gemeinsam, so heißen sie **vereinbar**.

Beispiel

Das Tetraeder mit den Seiten 1, 2, 3 und 4 wird zweimal hintereinander geworfen. Gegeben sind die Ereignisse:

E_1: „Beim ersten Wurf fällt eine Primzahl."
E_2: „Beim zweiten Wurf erscheint keine 3."
E_3: „Die Augensumme ist größer als 6."

a) Bestimmen Sie die folgenden Ereignismengen:

   (i) $E_1 \cap \overline{E_2}$

   (ii) $\overline{E_1} \cap \overline{E_2}$

   (iii) $\overline{E_1} \cap E_3$

b) Sind E_1 und E_3 unvereinbar?

Lösung:

a) (i) $E_1 \cap \overline{E_2} = \{21; 22; 23; 24; 31; 32; 33; 34\} \cap \{13; 23; 33; 43\}$
$= \{23; 33\}$

(ii) $\overline{E_1} \cap \overline{E_2} = \{11; 12; 13; 14; 41; 42; 43; 44\} \cap \{13; 23; 33; 43\}$
$= \{13; 43\}$

(iii) $\overline{E_1} \cap E_3 = \{11; 12; 13; 14; 41; 42; 43; 44\} \cap \{34; 43; 44\}$
$= \{43; 44\}$

Anmerkung: Hier kann wegen der Vergleichbarkeit für E_3 nur die Darstellung $E_3 = \{34; 43; 44\}$ verwendet werden.

b) Nein, sind sie nicht unvereinbar, da:
$E_1 \cap E_3 = \{21; 22; 23; 24; 31; 32; 33; 34\} \cap \{34; 43; 44\}$
$= \{34\} \neq \{\}$

Definition

Sind für ein Zufallsexperiment mit der Ergebnismenge Ω zwei Ereignisse E_1 und E_2 festgelegt, so gehören zur **Vereinigungsmenge $E_1 \cup E_2$** (sprich: E_1 vereinigt mit E_2) alle Ergebnisse, die in E_1 **oder** in E_2 oder in beiden Ereignissen zugleich enthalten sind.

Veranschaulichung mithilfe eines Mengendiagramms:

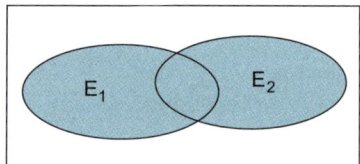

Beispiel

Das Tetraeder wird zweimal hintereinander geworfen.
Bestimmen Sie mithilfe der Ereignisse

E_1: „Beim ersten Wurf fällt eine Primzahl."
E_2: „Beim zweiten Wurf erscheint keine 3."
E_3: „Die Augensumme ist größer als 6."

die folgenden Vereinigungsmengen:

a) $E_1 \cup \overline{E_2}$

b) $\overline{E_1} \cup \overline{E_2}$

c) $\overline{E_1} \cup E_3$

Lösung:

a) $E_1 \cup \overline{E_2} = \{21; 22; 23; 24; 31; 32; 33; 34\} \cup \{13; 23; 33; 43\}$
$= \{13; 21; 22; 23; 24; 31; 32; 33; 34; 43\}$

b) $\overline{E_1} \cup \overline{E_2} = \{11; 12; 13; 14; 41; 42; 43; 44\} \cup \{13; 23; 33; 43\}$
$= \{11; 12; 13; 14; 23; 33; 41; 42; 43; 44\}$

c) $\overline{E_1} \cup E_3 = \{11; 12; 13; 14; 41; 42; 43; 44\} \cup \{34; 43; 44\}$
$= \{11; 12; 13; 14; 34; 41; 42; 43; 44\}$

Bei dem in der Definition der Vereinigungsmenge verwendeten „oder" handelt es sich um ein sogenanntes **einschließendes „oder"** im Gegensatz zum **ausschließenden „entweder oder"**.

Möchte man alle Ergebnisse erhalten, die entweder in E_1 oder in E_2 enthalten sind, so ergibt sich in der Veranschaulichung mithilfe eines Mengendiagramms

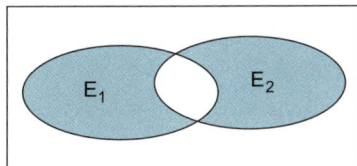

und in der Mengenschreibweise:

$(E_1 \cap \overline{E_2}) \cup (E_2 \cap \overline{E_1}) = (E_1 \setminus E_2) \cup (E_2 \setminus E_1)$

Für $E_1 \setminus E_2$ spricht man: E_1 **ohne** E_2.

Beispiel

Das Tetraeder mit den Seiten 1, 2, 3 und 4 wird zweimal hintereinander geworfen.

Bestimmen Sie mit den Ereignissen

E_1: „beim ersten Wurf eine Primzahl"
E_2: „beim zweiten Wurf keine 3"

die zum Ereignis „entweder E_1 oder E_2 tritt ein" gehörenden Ergebnisse.

Lösung:

$(E_1 \cap \overline{E_2}) \cup (E_2 \cap \overline{E_1}) = (E_1 \setminus E_2) \cup (E_2 \setminus E_1)$
$= \{23; 33\} \cup \{11; 12; 14; 41; 42; 44\}$
$= \{11; 12; 14; 23; 33; 41; 42; 44\}$

Aufgaben **9.** Aus einem Skatspiel werden nacheinander vier Karten gezogen und jeweils ihre Farbe notiert.

Bestimmen Sie folgende Ereignisse:
E_1: „Die vier Karten haben dieselbe Farbe."
E_2: „Die vier Karten haben unterschiedliche Farben."
E_3: „Mindestens drei Karten sind Herz."

10. Bestimmen Sie folgende Ereignisse, wenn ein Würfel zweimal geworfen wird:
E_1: „Der erste Wurf zeigt 6."
E_2: „Nur der erste Wurf zeigt 6."
E_3: „Beide Würfe zeigen eine ungerade Zahl."
E_4: „Der erste Wurf zeigt eine Primzahl, der zweite eine gerade Zahl."
E_5: „Ein Wurf zeigt eine Primzahl, der andere eine gerade Zahl."
E_6: „Die Augensumme ergibt 4."
E_7: „Die Augensumme ergibt mindestens 10."
E_8: „Die Augensumme ergibt höchstens 5 und genau ein Wurf zeigt eine Primzahl."

11. Kati hat 4 Plättchen, von denen je eines die Ziffer 1, 2, 3 bzw. 4 trägt. Sie bildet aus diesen dreistellige Zahlen, in denen keine Ziffer mehrmals vorkommt.

a) Bestimmen Sie die folgenden Ereignisse:
E_1: „Die Zahl ist größer als 300."
E_2: „Die Zahl ist kleiner als 200."
E_3: „Die Zahl ist durch 2 teilbar."
E_4: „Die Zahl ist durch 3 teilbar."
E_5: „Die Zahl ist durch 5 teilbar."

b) Die folgenden Ereignisse entstehen aus E_1 bis E_5. Geben Sie sowohl die zugehörige Menge als auch die Wortform an:

$E_6 = E_1 \cup E_3$
$E_7 = E_1 \cap E_4$
$E_8 = E_2 \cup E_5$
$E_9 = E_2 \cap E_5$

c) Bestimmen Sie jeweils die zugehörige Menge und geben Sie an, wie sich E_{10} bzw. E_{11} mithilfe von E_1, E_2, E_3 und E_4 angeben lassen.

E_{10}: „Die Zahl ist entweder kleiner als 200 oder durch 3 teilbar."
E_{11}: „Die Zahl ist durch 6 teilbar."

12. Sandra darf sich aus den fünf vorgelegten Prüfungsaufgaben A, B, C, D und E drei Aufgaben zur Bearbeitung aussuchen.

a) Bestimmen Sie folgende Ereignisse:
   E_1: „A muss bearbeitet werden."
   E_2: „A oder D muss bearbeitet werden."
   E_3: „Entweder A oder D muss bearbeitet werden."
   E_4: „Wird B bearbeitet, so muss auch C bearbeitet werden."
   E_5: „Mit B muss auch C bearbeitet werden und umgekehrt."

b) Geben Sie für die folgenden Ereignisse jeweils sowohl die zugehörige Menge als auch die Wortform an:

$E_6 = \overline{E_1}$
$E_7 = E_1 \cap E_3$
$E_8 = E_4 \cap E_6$

13. Aus einer Box mit 10 blauen und 6 weißen Golfbällen werden nacheinander mit Zurücklegen 4 Bälle gezogen.

a) Bestimmen Sie folgende Ereignisse:
   E_1: „Der zweite Ball ist blau."
   E_2: „Nur der zweite Ball ist blau."
   E_3: „Mindestens zwei Bälle sind blau."
   E_4: „Mindestens ein Ball ist blau."
   E_5: „Höchstens ein Ball ist blau."
   E_6: „Die beiden ersten oder die beiden letzten Bälle sind blau."
   E_7: „Die beiden ersten und die beiden letzten Bälle sind blau."
   E_8: „Entweder die beiden ersten oder die beiden letzten Bälle sind blau."

b) Geben Sie für die Ereignisse jeweils eine zugehörige Wortform an:
   $E_9 = \{bwbw; bbbw; bwbb; bbbb\}$
   $E_{10} = \overline{\{bbbb\}}$
   $E_{11} = \{bbbw; bbbb\}$
   $E_{12} = \{bbbw; bbwb; bwbb; wbbb; bbbb\}$

3 Baumdiagramm und Zählprinzip

Um sich bei einem n-stufigen Zufallsexperiment schnell einen Überblick über den Ablauf des Experiments zu verschaffen, fertigt man oft ein **Baumdiagramm** an. Ein Baumdiagramm veranschaulicht sowohl die Anzahl n der auftretenden Stufen als auch die Anzahl der Möglichkeiten bei der jeweiligen Stufe und kann so bei der systematischen Aufstellung einer Ergebnismenge helfen.

Einen Weg vom Startpunkt entlang der einzelnen Äste bis zu einem der Endpunkte nennt man einen **Pfad**. Er beschreibt ein Ergebnis des Zufallsexperiments. Die Ergebnisse lassen sich daher aus dem Baumdiagramm leicht ablesen (und können dort auch zusätzlich mit hingeschrieben werden).

Beispiel

Ein Restaurant bietet ein dreigängiges Mittagsmenü an, bei dem der Gast zwischen Tomatensuppe (T) und Nudelsuppe (N), zwischen Schweinsbraten (S), Fischfilet (F) und Gemüseplatte (G) sowie zwischen Eis (E) und Kuchen (K) wählen kann.
Fertigen Sie das zugehörige Baumdiagramm an, geben Sie die Ergebnismenge Ω und die Mächtigkeit von Ω an.

Lösung:

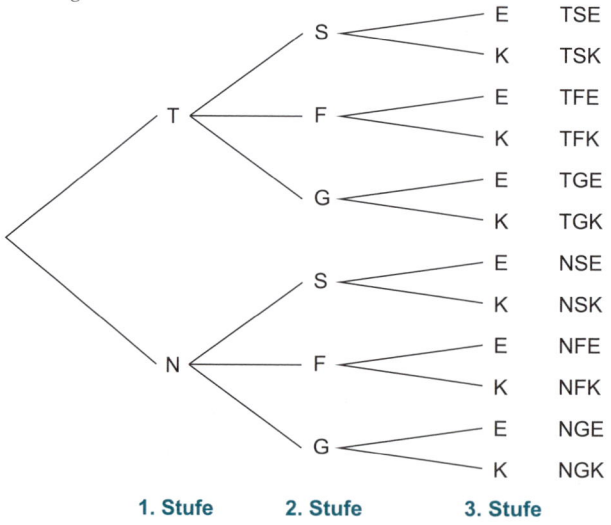

| | 1. Stufe | 2. Stufe | 3. Stufe |

$\Omega = \{$TSE; TSK; TFE; TFK; TGE; TGK; NSE; NSK; NFE; NFK; NGE; NGK$\}$

$|\Omega| = 12$ Anzahl der Elemente in Ω

Das Baumdiagramm veranschaulicht auch das **Zählprinzip**, mit dessen Hilfe man die **Mächtigkeit** $|\Omega|$ der Ergebnismenge **berechnen** kann.

Das obige Beispiel zeigt, dass 2 Suppen zur Wahl stehen (1. Stufe). Für beide Suppen gibt es jeweils 3 mögliche Hauptgerichte (2. Stufe) und für jede dieser Zusammenstellungen Suppe/Hauptgericht stehen 2 verschiedene Desserts (3. Stufe) zur Wahl. Somit ergeben sich insgesamt

$2 \cdot 3 \cdot 2 = 12$

verschiedene Menümöglichkeiten.

Allgemein formuliert ergibt sich nach dem **Zählprinzip**:

Regel

> Stehen bei einem n-stufigen Zufallsexperiment für die i-te Stufe a_i Möglichkeiten zur Verfügung, so gilt:
>
> $|\Omega| = a_1 \cdot a_2 \cdot a_3 \cdot \ldots \cdot a_n$

Beispiele

Aus einer Schale mit 8 farbigen und 2 weißen Kugeln wird dreimal hintereinander eine Kugel

a) mit Zurücklegen

b) ohne Zurücklegen

gezogen. Fertigen Sie jeweils ein Baumdiagramm an und berechnen Sie $|\Omega|$.

Lösung:

a) Da zurückgelegt wird, bleibt der Schaleninhalt stets unverändert (8 farbige und 2 weiße Kugeln). In jeder Stufe des Baumdiagramms stehen 2 verschiedenfarbige Kugeln zur Auswahl.

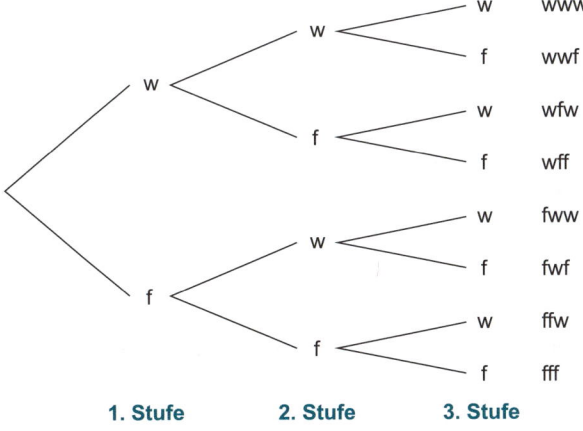

$|\Omega| = 2 \cdot 2 \cdot 2 = 8$

b) Da nicht zurückgelegt wird, ändert sich der Schaleninhalt bei jedem Zug. Der jeweilige Inhalt ist im nachfolgenden Baumdiagramm in der Klammer angegeben.

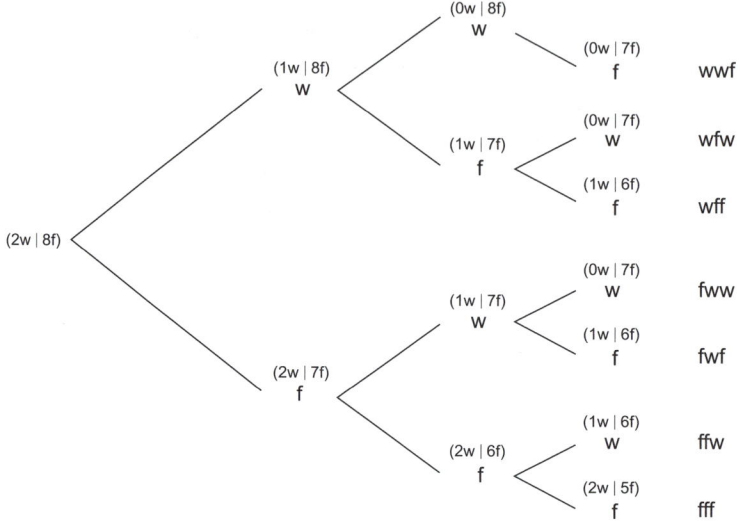

Achtung! Hier kann das Zählprinzip nur mit äußerster Vorsicht angewandt werden, da sich aufgrund des Schaleninhalts **bei der 3. Stufe nicht überall dieselbe Anzahl an Möglichkeiten** ergibt. Der oberste Ast fehlt, denn in der Schale liegen zu Beginn nur 2 weiße Kugeln, aber es wird insgesamt dreimal ohne Zurücklegen gezogen. Das Zählprinzip muss daher angepasst werden:

$$|\Omega| = \underbrace{1 \cdot 1 \cdot 1}_{wwf} + \underbrace{1 \cdot 1 \cdot 2}_{wf\_} + \underbrace{1 \cdot 2 \cdot 2}_{f\_\_} = 7$$

_ steht für w oder f

Auch möglich wäre:
$$|\Omega| = 2 \cdot 2 \cdot 2 - 1$$

Hinweis: Ein Baumdiagramm (und damit das Zählprinzip) eignet sich nur für die Hintereinanderausführung von Zufallsexperimenten. Ein gleichzeitiges Ziehen lässt sich weder mit einem Baumdiagramm darstellen noch mit dem Zählprinzip berechnen.

Bei **vielstufigen** Zufallsexperimenten ist es oft zu mühsam, ein Baumdiagramm vollständig zu zeichnen, dennoch kann man mithilfe des Zählprinzips berechnen, wie groß $|\Omega|$ ist.
Diese Berechnung kann auch hilfreich sein, wenn Ω angegeben werden soll und man auch ohne Baumdiagramm sicher sein will, alle Ergebnisse erfasst zu haben.

Beispiel

Das Tetraeder mit den Seiten 1, 2, 3 und 4 wird viermal hintereinander geworfen. Berechnen Sie $|\Omega|$.

Lösung:
$|\Omega| = 4 \cdot 4 \cdot 4 \cdot 4 = 256$

Auch die **Mächtigkeit eines Ereignisses** lässt sich mithilfe des Zählprinzips berechnen.

Beispiele

1. Das Tetraeder mit den Seiten 1, 2, 3 und 4 wird viermal hintereinander geworfen. Das Ergebnis wird als vierstellige Zahl interpretiert.

   a) Berechnen Sie, wie viele dieser Zahlen mit der 3 beginnen.

   b) Bestimmen Sie, wie viele dieser Zahlen gerade sind.

   Lösung:

   a) $|E| = 1 \cdot 4 \cdot 4 \cdot 4 = 64$ In der 1. Stufe gibt es nur 1 Möglichkeit, nämlich die 3.

   b) $|E| = 4 \cdot 4 \cdot 4 \cdot 2 = 128$ In der 4. Stufe gibt es nur 2 Möglichkeiten, nämlich die 2 oder 4.

2. Marie möchte die Buchstaben zu „Wörtern" (sie müssen keinen Sinn ergeben) aneinanderreihen, in denen alle Buchstaben genau einmal vorkommen.

   a) Berechnen Sie, wie viele „Wörter" es gibt.

   b) Wie viele „Wörter" beginnen mit T?

   c) Berechnen Sie, wie viele „Wörter" mit den beiden Vokalen beginnen.

   Lösung:

   a) $|\Omega| = 6 \cdot 5 \cdot 4 \cdot 3 \cdot 2 \cdot 1 = 720$

   b) $|E| = 1 \cdot 5 \cdot 4 \cdot 3 \cdot 2 \cdot 1 = 120$ In der 1. Stufe das T, dann sind noch 5 Buchstaben übrig.

   c) $|E| = 2 \cdot 1 \cdot 4 \cdot 3 \cdot 2 \cdot 1 = 48$ In der 1. und 2. Stufe die beiden Vokale, dann die 4 Konsonanten.

Ausdrücke z. B. der Form $6 \cdot 5 \cdot 4 \cdot 3 \cdot 2 \cdot 1$ lassen sich kürzer schreiben:

Definition

n! (sprich: **n Fakultät**) ist das Produkt aller natürlichen Zahlen von 1 bis n.
$n! = n \cdot (n-1) \cdot (n-2) \cdot \ldots \cdot 3 \cdot 2 \cdot 1$

Beispiel

Schreiben Sie folgende Ausdrücke zuerst als Fakultät oder Produkt von Fakultäten und berechnen Sie dann.

a) $6 \cdot 5 \cdot 4 \cdot 3 \cdot 2 \cdot 1$

b) $1 \cdot 5 \cdot 4 \cdot 3 \cdot 2 \cdot 1$

c) $2 \cdot 1 \cdot 4 \cdot 3 \cdot 2 \cdot 1$

d) $3 \cdot 2 \cdot 1 \cdot 3 \cdot 2 \cdot 1$

Lösung:

a) $6 \cdot 5 \cdot 4 \cdot 3 \cdot 2 \cdot 1 = 6! = 720$

b) $1 \cdot 5 \cdot 4 \cdot 3 \cdot 2 \cdot 1 = 1! \cdot 5! = 120$

c) $2 \cdot 1 \cdot 4 \cdot 3 \cdot 2 \cdot 1 = 2! \cdot 4! = 48$

d) $3 \cdot 2 \cdot 1 \cdot 3 \cdot 2 \cdot 1 = 3! \cdot 3! = 36$

Das „Ausrufezeichen" für die „Fakultät" finden Sie auf Ihrem Taschenrechner. Steht „x!" oberhalb einer Taste, so muss zuerst SHIFT gedrückt werden.

Aufgaben

14. Aus den Ziffern 3, 5, 7 und 9 werden dreistellige Zahlen gebildet, in denen jede Ziffer höchstens einmal vorkommt.

a) Fertigen Sie das zugehörige Baumdiagramm an, geben Sie die Ergebnismenge Ω und die Mächtigkeit von Ω an.

b) Bestimmen Sie folgende Ereignisse. Geben Sie an, wie die Mächtigkeit dieser Ereignisse berechnet werden kann, und berechnen Sie sie.
E_1: „Die Zahl ist durch 5 teilbar."
E_2: „Die Zahl ist kleiner als 700."
E_3: „Die Zahl ist durch 3 teilbar."

15. Anna und Benjamin spielen Karten. Sieger ist, wer zwei Spiele hintereinander oder insgesamt drei Spiele gewonnen hat.
Fertigen Sie das zugehörige Baumdiagramm an.

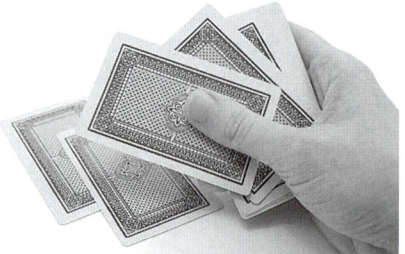

16. Das Tetraeder mit den Seiten 1, 2, 3 und 4 wird geworfen. Das Spiel ist zu Ende, wenn eine ungerade Zahl gewürfelt wird oder wenn die Augensumme 5 erreicht bzw. überschritten wird oder wenn dreimal gewürfelt wurde.
Fertigen Sie das zugehörige Baumdiagramm an.

17. Jonas hat aus seinem alten Spar-
schwein einen Spielautomaten
gebastelt. Sein Freund Ben spielt
schon eine ganze Weile mit diesem
und hat nun nur noch einen Chip
übrig. Mit diesem Chip erhält er
zwei Chips, falls er gewinnt. Ben
hört auf zu spielen, wenn er keinen
Chip mehr hat oder vier Chips in
den Händen hält oder fünfmal gespielt hat.
Fertigen Sie das zugehörige Baumdiagramm an.

18. Von A nach B führen drei verschiedene Straßen, von B nach C fünf und von
C nach D zwei.
Berechnen Sie, auf wie vielen verschiedenen Wegen man von A über B und
C nach D gelangen kann.

19. Berechnen Sie, wie viele dreistellige Zahlen es gibt, die größer als 599 und
durch 5 teilbar sind, und begründen Sie Ihre Rechnung.

20. Berechnen Sie, wie viele Zahlen im Intervall [3 000; 4 999] an der Hunderter-
und an der Zehnerstelle eine Primzahl besitzen, und begründen Sie Ihre Rechnung.

21. Aus den Ziffern 1, 3, 5, 7 und 9 werden dreistellige Zahlen gebildet, in denen
jede Ziffer beliebig oft vorkommen darf.
Berechnen Sie, wie viele dieser Zahlen

a) durch 5 teilbar sind.

b) kleiner als 700 sind.

c) aus stets der gleichen Ziffer bestehen.

d) an der ersten und der letzten Stelle dieselbe Ziffer haben.

e) genau einmal die 1 enthalten.

22. Ein Würfel wird sechsmal geworfen. Berechnen Sie die Mächtigkeit folgen-
der Ereignisse und beschreiben Sie Ihr Vorgehen.
E_1: „Der erste Wurf zeigt 6.“
E_2: „Nur der erste Wurf zeigt 6.“
E_3: „Alle Würfe zeigen verschiedene Zahlen.“

4 Absolute und relative Häufigkeit

4.1 Absolute Häufigkeit

Alex, Bernd, Carola, Daniela und Erol wollen im Rahmen eines Seminars drei Workshops für die 10. Klassen ihrer Schule anbieten. Da sie sich über die Anzahl der zu erwartenden Teilnehmer nicht im Klaren sind, wollen sie eine Befragung der 10. Klassen durchführen. Hierzu übernimmt jeder eine Klasse. Als Antworten sind möglich:

1: „Ich werde am Workshop mit Thema 1 teilnehmen."
2: „Ich werde am Workshop mit Thema 2 teilnehmen."
3: „Ich werde am Workshop mit Thema 3 teilnehmen."
0: „Ich werde am Workshop nicht teilnehmen."

Am Ende der Befragung legt jeder eine Liste vor:

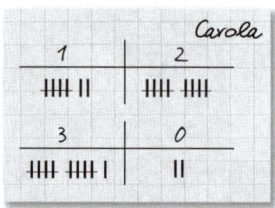

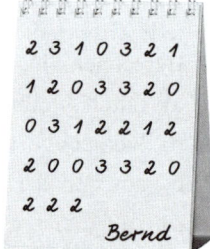

Alex und Bernd haben ihre Befragung in einer **Urliste** festgehalten, d. h., sie haben die Antworten in der Reihenfolge notiert, in der sie sie erhalten haben. Carola und Daniela haben ihre Befragung in einer **Strichliste** aufgezeichnet. Ob Erol seine Befragung zunächst als Urliste oder als Strichliste notiert hat, ist nicht mehr zu erkennen, denn er hat eine Tabelle der **absoluten Häufigkeiten** vorgelegt. D. h., er hat gleich zusammengezählt, wie viele Schüler der Klasse die Antwort 0, 1, 2 bzw. 3 gegeben haben.

Definition

> Wird ein Zufallsexperiment n-mal ausgeführt und tritt dabei das Ergebnis ω_i k-mal auf, so nennt man k die **absolute Häufigkeit H** des Ergebnisses ω_i, kurz:
> $$H(\omega_i) = k$$
> Somit gilt: $H \in \mathbb{N}_0$

Hinweis: Umgangssprachlich kann man die absolute Häufigkeit auch mit dem Begriff „Anzahl" vergleichen. Deshalb kann es sich bei der absoluten Häufigkeit nur um eine natürliche Zahl (einschließlich der Zahl 0) handeln.

Werden alle Befragungen in einer **Tabelle mit absoluten Häufigkeiten** zusammengefasst, so ergibt sich:

	1	2	3	0	Schülerzahl insgesamt
Alex	6	10	6	6	28
Bernd	5	12	7	7	31
Carola	7	10	11	2	30
Daniela	7	11	3	10	31
Erol	5	10	3	12	30
gesamt	30	53	30	37	150

Die Gesamtzahlen ergeben sich durch Addition der entsprechenden Zeilen bzw. Spalten. Die **absolute Häufigkeit für das Ereignis** „Schüler nimmt mit Thema 1 teil" ergibt sich also aus der **Summe der absoluten Häufigkeiten der Ergebnisse** „Schüler der jeweiligen Klasse nimmt mit Thema 1 teil".

Definition

> Ist E ein Ereignis eines Zufallsexperiments mit $E = \{\omega_1; \omega_2; \omega_3; \dots; \omega_r\}$, so ergibt sich die **absolute Häufigkeit H des Ereignisses E** zu:
> $$H(E) = H(\omega_1) + H(\omega_2) + H(\omega_3) + \dots + H(\omega_r)$$

Beispiele

In einer Klinik werden innerhalb einer Woche Babys mit folgendem Geburtsgewicht in Gramm (auf 10 Gramm gerundet) geboren:

3 450 3 580 3 530 3 620 3 260
3 440 3 490 3 540 3 540 3 440
3 610 3 580 3 090 3 410 3 620
3 350 3 530 3 430 3 600 3 540

a) Fertigen Sie eine Tabelle der absoluten Häufigkeiten des Geburtsgewichts (ansteigende Reihenfolge) an.

b) Für eine Statistik werden statt der Grammzahlen nur die auf eine Dezimalstelle gerundeten Geburtsgewichte in kg weitergegeben.
Fertigen Sie die entsprechende Tabelle der absoluten Häufigkeiten an.

Lösung:

a)
Gewicht in g	3 090	3 260	3 350	3 410	3 430	3 440	3 450
Anzahl	1	1	1	1	1	2	1

Gewicht in g	3 490	3 530	3 540	3 580	3 600	3 610	3 620
Anzahl	1	2	3	2	1	1	2

b)
Gewicht in kg	3,1	3,3	3,4	3,5	3,6
Anzahl	1	1	5	7	6

Bemerkung: Beachten Sie hier, dass z. B. sowohl das Geburtsgewicht 3 350 g als auch das Geburtsgewicht 3 410 g (bzw. 3 430 g bzw. 3 440 g) gerundet das Gewicht 3,4 kg ergibt und diese Gewichte somit in der kg-Tabelle unter demselben Gewicht zusammengefasst werden.

Aufgaben **23.** Sara kauft Glückwunschkarten, wann immer sie schöne und günstige sieht. Auf diese Weise hat sie schon einen ganzen Karton voll davon angesammelt, den sie mal wieder durchschauen will.
Teilt man Saras Karten in die Kategorien Weihnachten (W), Ostern (O), Geburtstag (G), lustiger Spruch (S) und neutrale Karte (N) ein, so liegen die Karten derzeit in der Reihenfolge

W	W	O	S	N	S	S	N	G	G	N	N	N	S	G
G	G	G	W	W	O	O	O	S	S	G	G	O	S	S
N	N	N	N	S	W	W	W	O	O	G	G	N	N	N
W	W	S	S	S	S	S	S	N	N	O	O	O	G	G
G	G	G	G	S	N	N	N	N	W	W	W	S	G	N

im Karton.

a) Fertigen Sie eine Tabelle mit den absoluten Häufigkeiten der verschiedenen Arten der Glückwunschkarten an.

b) Saras Freundin hat Geburtstag.
Bestimmen Sie, aus wie vielen passenden Karten Sara auswählen kann, wenn es nicht unbedingt eine Karte mit einer Geburtstagsaufschrift sein muss.

24. Bei der Anmeldung der künftigen 5.-Klässler am STARK-Gymnasium wird auch der Wohnort abgefragt. Für das kommende Schuljahr ergibt sich dabei folgende Verteilung:

	Hohenstein	Kirchheim	Lohmen	Rhinow	Ruhleben	Scheinfeld
weiblich	18	17	1	7	26	11
mannlich	13	18	3	9	23	9

Lesen Sie aus der Tabelle ab:

a) Wie viele Neuanmeldungen in die 5. Klasse gibt es?

b) Wie viele Mädchen wurden angemeldet?

c) Wie viele der Neuanmeldungen kommen aus Ruhleben?

d) Wie viele Schüler können den Schulbus nutzen, der aus Scheinfeld kommt und über Hohenstein und Lohmen fährt?

25. Bei den Lotto-Annahmestellen gibt es jede Woche eine Zeitschrift, in der sich auch eine Aufstellung befindet, die folgendermaßen aussieht:

Die beiden Zahlen unter den jeweils möglichen Gewinnzahlen geben an, wie oft die Gewinnzahl im Samstagslotto/Mittwochslotto seit dem 09. 10. 1955/02. 12. 2000 schon gezogen wurde. Die Zusatzzahl wird nicht berücksichtigt. Stand der Tabelle ist der 07. 05. 2012.

Die folgenden Aufgaben beziehen sich stets auf das Mittwochslotto.
Geben Sie mithilfe der Aufstellung an,

a) wie viele Ziehungen seit dem 02. 12. 2000 bis zum 07. 05. 2012 stattfanden.

b) welche Gewinnzahl am seltensten gezogen wurde.

c) welche Gewinnzahl am öftesten gezogen wurde.

d) wie oft einstellige Gewinnzahlen gezogen wurden.

e) wie oft Primzahlen als Gewinnzahlen gezogen wurden.

f) wie oft jede Gewinnzahl durchschnittlich gezogen wurde. Runden Sie entsprechend.

4.2 Relative Häufigkeit

Oft eignet sich die absolute Häufigkeit nicht, um das Auftreten eines Merkmals (einer Eigenschaft, eines Charakteristikums) bei zwei oder mehreren Befragungen miteinander vergleichen zu können. Deshalb wird eine Häufigkeit benötigt, die den jeweiligen Anteil an der Gesamtheit angibt.

Die Tabelle der absoluten Häufigkeiten auf Seite 21 zeigt das sehr gut: Obwohl sich in drei 10. Klassen jeweils 10 Schüler für Thema 2 ausgesprochen haben, haben sich doch in der von Alex befragten Klasse „im Verhältnis mehr" Schüler für dieses Thema entschieden. Denn in Alex' Klasse gehen nur 28 Schüler, während in den beiden Klassen von Carola und Erol jeweils 30 Schüler sind. D. h., in der von Alex befragten Klasse haben sich $\frac{10}{28}$ der Schüler, in der von Carola bzw. Erol befragten Klasse jedoch nur $\frac{10}{30}$ der Schüler für Thema 2 entschieden.

Zur Erinnerung: Der Wert eines Bruches mit konstantem Zähler ist umso kleiner, je größer sein Nenner ist. Daher folgt $\frac{10}{30} < \frac{10}{28}$.

Definition

> Das Verhältnis (der Quotient) aus der absoluten Häufigkeit k eines Ergebnisses ω_i und der Anzahl n der Zufallsexperimente nennt man die **relative Häufigkeit h** des Ergebnisses ω_i, kurz:
>
> $h(\omega_i) = \frac{k}{n}$
>
> Somit gilt: $0 \leq h \leq 1$

Hinweis: Die relative Häufigkeit wird meist in Prozent angegeben. Die Umformung erfolgt durch Kommaverschiebung, z. B. $0{,}7354 = 73{,}54\,\%$.

Werden die Ergebnisse der Befragung in einer **Tabelle mit relativen Häufig-keiten** zusammengefasst, so ergibt sich:

	1	2	3	0
Alex	$\frac{6}{28} \approx 0,2143$ $= 21,43\,\%$	$\frac{10}{28} \approx 0,3571$ $= 35,71\,\%$	$\frac{6}{28} \approx 0,2143$ $= 21,43\,\%$	$\frac{6}{28} \approx 0,2143$ $= 21,43\,\%$
Bernd	$\frac{5}{31} \approx 0,1613$ $= 16,13\,\%$	$\frac{12}{31} \approx 0,3871$ $= 38,71\,\%$	$\frac{7}{31} \approx 0,2258$ $= 22,58\,\%$	$\frac{7}{31} \approx 0,2258$ $= 22,58\,\%$
Carola	$\frac{7}{30} \approx 0,2333$ $= 23,33\,\%$	$\frac{10}{30} \approx 0,3333$ $= 33,33\,\%$	$\frac{11}{30} \approx 0,3667$ $= 36,67\,\%$	$\frac{2}{30} \approx 0,0667$ $= 6,67\,\%$
Daniela	$\frac{7}{31} \approx 0,2258$ $= 22,58\,\%$	$\frac{11}{31} \approx 0,3548$ $= 35,48\,\%$	$\frac{3}{31} \approx 0,0968$ $= 9,68\,\%$	$\frac{10}{31} \approx 0,3226$ $= 32,26\,\%$
Erol	$\frac{5}{30} \approx 0,1667$ $= 16,67\,\%$	$\frac{10}{30} \approx 0,3333$ $= 33,33\,\%$	$\frac{3}{30} = 0,1$ $= 10\,\%$	$\frac{12}{30} = 0,4$ $= 40\,\%$

Da in einer Zeile jeweils alle Schüler einer Klasse erfasst sind, muss die **Summe der relativen Häufigkeiten** einer Zeile jeweils **1** ergeben.

Während sich die relativen Häufigkeiten eben auf die Gesamtheiten „Klasse von Alex", „Klasse von Bernd", „Klasse von Carola" usw. bezogen, kann man auch die Gesamtheit „alle Klassen zusammen" zugrunde legen. Für die relativen Häufigkeiten gilt entsprechend:

1	2	3	0
$\frac{30}{150} = 0,2\,\%$ $= 20\,\%$	$\frac{53}{150} \approx 0,35333$ $= 35,333\,\%$	$\frac{30}{150} = 0,2$ $= 20\,\%$	$\frac{37}{150} \approx 0,24667$ $= 24,667\,\%$

Da die Anworten 1, 2 und 3 bedeuten, dass die Schüler an einem der Workshops teilnehmen wollen, ergibt sich die relative Häufigkeit für die Teilnahme an einem der Workshops unter allen Schülern zu:

$$\frac{30}{150} + \frac{53}{150} + \frac{30}{150} = \frac{30+53+30}{150} = \frac{113}{150} \approx 0,7533 = 75,33\,\%$$

Die Eigenschaft, dass sich die Häufigkeit eines Ereignisses als Summe der Häufigkeiten der Ergebnisse berechnen lässt, lässt sich also von der absoluten Häufigkeit auf die relative Häufigkeit übertragen.

Definition

> Ist E ein Ereignis eines Zufallsexperiments mit $E = \{\omega_1; \omega_2; \omega_3; ...; \omega_r\}$ so ergibt sich die **relative Häufigkeit h** des Ereignisses E zu:
>
> $h(E) = h(\omega_1) + h(\omega_2) + h(\omega_3) + ... + h(\omega_r)$

Für das unmögliche sowie sichere Ereignis (vgl. Seite 6) gilt zudem:

Regel

> Für $E = \{\}$ gilt: $H(\{\}) = 0 \Rightarrow h(\{\}) = 0$
> Für $E = \Omega$ gilt: $H(\Omega) = n \Rightarrow h(\Omega) = 1$

Das Gegenereignis zu den insgesamt 113 an einem Workshop teilnehmenden Schülern bilden die $37 = 150 - 113$ Schüler, die sich gegen eine Teilnahme ausgesprochen haben. Für die relative Häufigkeit eines Gegenereignisses gilt allgemein:

Definition

> Werden die relativen Häufigkeiten von Ereignis und Gegenereignis addiert, ergeben sie 1:
> Da $H(E) + H(\overline{E}) = n$, gilt $h(E) + h(\overline{E}) = 1$ und somit $h(\overline{E}) = 1 - h(E)$.

Vier Schüler der von Erol befragten Klasse, die sich für die Teilnahme am Workshop mit Thema 2 gemeldet haben, bitten nun darum, außer beim Thema 2 auch beim Thema 3 mitmachen zu dürfen. Erol ändert daraufhin seine Liste ab:

Erol stutzt dann aber, weil sich nun die Gesamtschülerzahl (eigentlich 30) nicht mehr aus der Summe der einzelnen Zahlen ergibt. Nach kurzem Nachdenken schreibt er seine Liste neu, die nun folgende Form hat:

Dies lässt sich auch so schreiben:

$H(\text{Thema } 2) = 10$

$H(\text{Thema } 3) = 7$

$H(\text{Thema } 2 \cap \text{Thema } 3) = 4$

In einem Mengendiagramm dargestellt sieht das so aus:

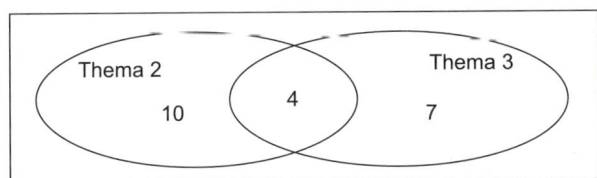

Zum Ereignis „Thema 2 oder Thema 3" gehören also insgesamt $10 + 7 - 4 = 13$ Schüler, da die 4 Schüler, die in beide Workshops wollen, nicht doppelt gezählt werden dürfen. Also:

$H(\text{Thema } 2 \cup \text{Thema } 3) = H(\text{Thema } 2) + H(\text{Thema } 3) - H(\text{Thema } 2 \cap \text{Thema } 3)$

Definition

Additionssatz

Ist $H(E_1) = r$, $H(E_2) = s$ und $H(E_1 \cap E_2) = p$, so gilt $H(E_1 \cup E_2) = r + s - p$ und somit:

$$\mathbf{h(E_1 \cup E_2) = h(E_1) + h(E_2) - h(E_1 \cap E_2)}$$

Beispiele

1. Ein Tetraeder mit den Seiten 1, 2, 3 und 4 wird 20-mal hintereinander geworfen. Dabei ergeben sich folgende Ergebnisse:

   2 4 3 4 4 1 2 3 4 1 1 4 3 2 4 2 1 4 3 1

   a) Geben Sie in einer Tabelle die relativen Häufigkeiten der einzelnen Ergebnisse an.

   b) Bestimmen Sie die relativen Häufigkeiten der Ereignisse:

      E_1: „Es erscheint eine Primzahl."

      E_2: „Es erscheint eine gerade Zahl."

      E_3: „Es erscheint eine Zahl kleiner 3."

      E_4: „Es erscheint keine 3."

      E_5: „Es erscheint eine Primzahl oder eine gerade Zahl."

   Lösung:

   a)

Augenzahl	1	2	3	4
absolute Häufigkeit H	5	4	4	7
relative Häufigkeit h	$\frac{5}{20} = 0{,}25$ $= 25\,\%$	$\frac{4}{20} = 0{,}2$ $= 20\,\%$	$\frac{4}{20} = 0{,}2$ $= 20\,\%$	$\frac{7}{20} = 0{,}35$ $= 35\,\%$

b) Prim sind die Zahlen 2 und 3:
$h(E_1) = h(2) + h(3) = 0,2 + 0,2 = 0,4 = 40\,\%$

Gerade sind die Zahlen 2 und 4:
$h(E_2) = h(2) + h(4) = 0,2 + 0,35 = 0,55 = 55\,\%$

Kleiner als 3 sind die Zahlen 1 und 2:
$h(E_3) = h(1) + h(2) = 0,25 + 0,2 = 0,45 = 45\,\%$

„Keine 3" bedeutet, dass die 1, die 2 oder die 4 fällt:
$h(E_4) = h(1) + h(2) + h(4) = 0,25 + 0,2 + 0,35 = 0,8 = 80\,\%$
Oder über das Gegenereignis:
$h(E_4) = h(\overline{3}) = 1 - h(3) = 1 - 0,2 = 0,8 = 80\,\%$

Prim oder gerade sind die Zahlen 2, 3 bzw 4:
$h(E_5) = h(2) + h(3) + h(4) = 0,2 + 0,2 + 0,35 = 0,75 = 75\,\%$
Oder als Vereinigung der Ereignisse E_1 und E_2:
$$\begin{aligned}
h(E_5) &= h(E_1 \cup E_2) \\
&= h(E_1) + h(E_2) - h(E_1 \cap E_2) \\
&= h(E_1) + h(E_2) - h(2) \\
&= 0,4 + 0,55 - 0,2 \\
&= 0,75 = 75\,\%
\end{aligned}$$

2. Alex ist langweilig. Keiner seiner Freunde ist zu erreichen, draußen regnet es und der Computer ist abgestürzt. So setzt er sich vor den Fernseher und zappt. Als er einmal durch alle zur Verfügung stehenden Programme durch ist, hat er immer noch nichts gefunden. So beschließt er, die Auswahl nun „wissenschaftlich" zu durchleuchten. Er zappt sich nochmals durch alle 95 Kanäle, macht sich Notizen und fasst zusammen:

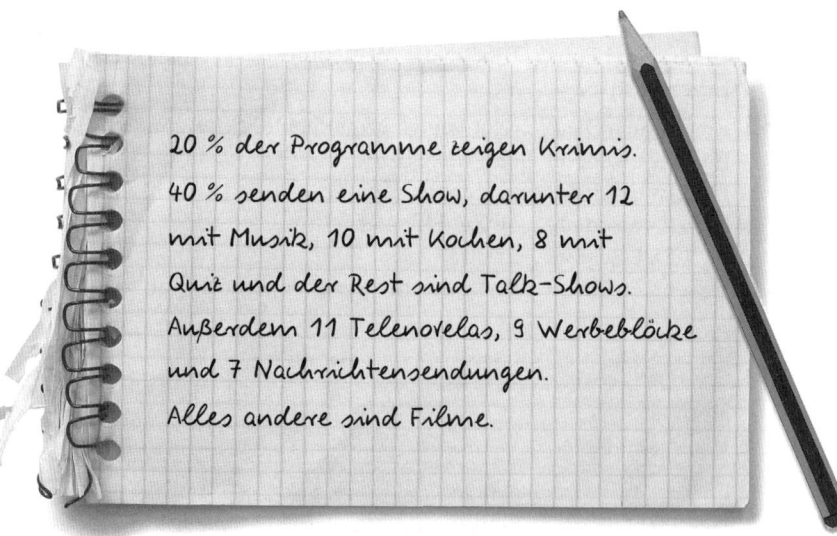

> 20 % der Programme zeigen Krimis.
> 40 % senden eine Show, darunter 12
> mit Musik, 10 mit Kochen, 8 mit
> Quiz und der Rest sind Talk-Shows.
> Außerdem 11 Telenovelas, 9 Werbeblöcke
> und 7 Nachrichtensendungen.
> Alles andere sind Filme.

a) Ermitteln Sie, wie viele Krimis Alex findet.

b) Bestimmen Sie die relative Häufigkeit einer Talk-Show.

c) Berechnen Sie die relative Häufigkeit eines Films.

Lösung:

a) 20 % der 95 Programme zeigen Krimis:

$$h(\text{Krimi}) = \frac{H(\text{Krimi})}{95} = 20\,\% \;\Rightarrow\; H(\text{Krimi}) = 0,2 \cdot 95 = 19$$

Es laufen 19 Krimis.

b) 40 % der 95 zeigen eine Show:

$$h(\text{Show}) = \frac{H(\text{Show})}{95} = 40\,\% \;\Rightarrow\; H(\text{Show}) = 0,4 \cdot 95 = 38$$

Unter den 38 Shows sind 12 mit Musik, 10 mit Kochen, 8 mit Quiz und der Rest sind Talk-Shows:

$$H(\text{Talk-Show}) = 38 - 12 - 10 - 8 = 8$$

$$h(\text{Talk-Show}) = \frac{8}{95} \approx 0,0842 = 8,42\,\%$$

c) Die insgesamt 95 Kanäle zeigen 19 Krimis (siehe Teilaufgabe a), 38 Shows (siehe Teilaufgabe b), 11 Telenovelas, 9 Werbeblöcke, 7 Nachrichtensendungen und der Rest sind Filme:

$$H(\text{Film}) = 95 - 19 - 38 - 11 - 9 - 7 = 11$$

$$h(\text{Film}) = \frac{11}{95} \approx 0,1158 = 11,58\,\%$$

 ufgaben **26.** Auf einem Kinderfaschingsball findet man 40 Cowboys, 27 Indianer, 25 Hexen, 21 Prinzessinnen, 19 Katzen, 18 Piraten, 17 Häschen, 14 Teufel, 10 Mäuse und 9 Clowns.
Berechnen Sie die relative Häufigkeit

a) der Hexen.

b) der Tiere.

c) der „Berufe" Cowboy, Pirat und Clown.

27. Beim 500-maligen Werfen eines Würfels ergaben sich folgende absolute Häufigkeiten:

Augenzahl	1	2	3	4	5	6
H(Augenzahl)	87	83	71	88	84	87

Berechnen Sie die relative Häufigkeit

a) der Augenzahl 3.

b) der Augenzahl 4.

c) einer geraden Augenzahl.

d) einer primen Augenzahl.

e) einer geraden und primen Augenzahl.

f) einer geraden oder primen Augenzahl.

28. Bei der vom NABU (Naturschutzbund Deutschland) durchgeführten Vogelzählung „Stunde der Gartenvögel" vom 11.–13. Mai 2012 wurden bundesweit 856 738 Vögel gezählt. Dabei ergab sich für die 20 häufigsten Vogelarten:

	Rang	Vogelart	Anzahl der Vögel (insgesamt)	Trend
(1)	1	Haussperling	122 863	➡
	2	Amsel (1)	85 177	➡
	3	Kohlmeise	70 474	➡
	4	Star (2)	54 182	➡
(2)	5	Blaumeise	53 919	➡
	6	Elster	40 015	➡
	7	Grünfink	38 247	➡
	8	Mauersegler	35 187	➡
	9	Mehlschwalbe	31 269	↘
(3)	10	Buchfink (3)	26 272	➡
	11	Ringeltaube	24 848	↗
	12	Rabenkrähe	20 714	↗
	13	Hausrotschwanz	20 017	↘
	14	Feldsperling	19 542	↗
	15	Rotkehlchen	18 992	➡
(4)	16	Rauchschwalbe	13 320	➡
	17	Türkentaube	11 740	↗
	18	Bachstelze	9 881	↗
	19	Dohle (4)	8 976	↑
	20	Eichelhäher	8 939	↗

a) Bestimmen Sie die relative Häufigkeit des Haussperlings.

b) Berechnen Sie die relative Häufigkeit der Meisen.

c) Bestimmen Sie die relative Häufigkeit all der Vogelarten, die es nicht unter die ersten 20 geschafft haben.

d) Die Pfeile in der Spalte „Trend" geben an, ob die Vogelart im Vergleich zum Vorjahr stärker oder schwächer in den Gärten vertreten ist.
Wie groß ist unter den 20 häufigsten Arten die relative Häufigkeit für eine seltener werdende Vogelart?

e) Carmen hat auch an der Vogelzählung teilgenommen und in ihrem Garten 4 Haussperlinge, 5 Amseln, 5 Kohlmeisen, 3 Blaumeisen, 1 Star, 2 Elstern und 2 Rotkehlchen beobachtet.
Als sie die Tabelle betrachtet, kommt sie zu dem Schluss, dass es in ihrem Garten vergleichsweise wenig Haussperlinge, aber viele Rotkehlchen gibt.
Hat Carmen recht?

29. Anna, Beate, Carla und Diana haben Freistunde und beschließen, endlich mal wieder Käsekästchen zu spielen. Sie nehmen dazu auf einem karierten Blatt aus Beates Block ein 10 cm × 10 cm-Feld. Am Ende des Spiels hat Beate doppelt so viele Kästchen wie Carla und Diana dreimal so viele wie Beate. Anna gehören 116 Kästchen.

a) Welchen Platz belegt Anna?

b) Bestimmen Sie die relative Häufigkeit von Beates Kästchen.

30. Ben und Erik spielen in der Freistunde Schere-Stein-Papier. Alex beobachtet sie dabei und zählt mit. Am Ende der Stunde präsentiert Alex die folgende Übersicht:

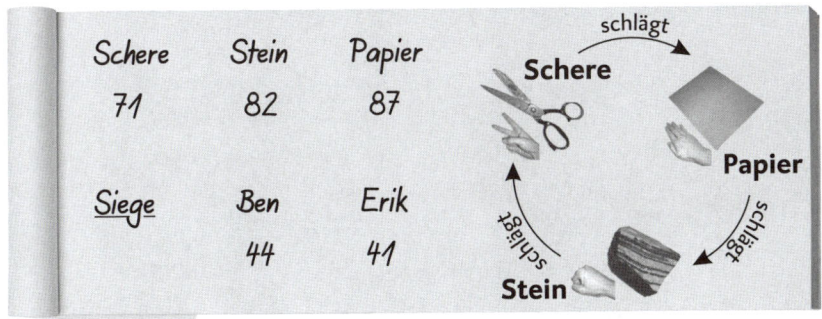

Schere	Stein	Papier
71	82	87

Siege	Ben	Erik
	44	41

a) Wie oft ging das Spiel unentschieden aus?

b) Berechnen Sie die relative Häufigkeit für „unentschieden".

c) Bestimmen Sie die relative Häufigkeit für „Papier".

31. Aus dem Jahresbericht eines Gymnasiums:

Klassen-stufe	Schülerzahl			Bekenntnis		
	gesamt	männlich	weiblich	katholisch	evangelisch	sonstiges
5	198	114	84	99	61	38
6	218	109	109	119	50	49
7	216	116	100	112	62	42
8	154	85	69	82	48	24
9	196	99	97	109	52	35
10	146	79	67	77	48	21
11	140	73	67	78	38	24
12	139	57	82	77	43	19
gesamt	1407	732	675	753	402	252

Berechnen Sie die relative Häufigkeit

a) der Schülerinnen.

b) der Katholiken.

c) der 12.-Klässler, die weiblich sind.

d) der Schülerinnen unter den 12.-Klässlern.

e) der Nicht-Katholiken unter den 8.-Klässlern.

5 Darstellung von Daten

Daten sind besser zu vergleichen, wenn sie nicht nur in einer Tabelle stehen, sondern grafisch veranschaulicht werden. Mithilfe eines Diagramms oder Schaubilds lassen sich Aussagen über absolute und relative Häufigkeiten oft viel schneller treffen, denn das Auge erfasst die Daten auf einen Blick.

Bei „Wer wird Millionär?" zum Beispiel macht man sich diesen Vorteil bei der Befragung des Publikums zunutze. Setzt ein Kandidat den Publikumsjoker ein, so wird ihm das Ergebnis der Befragung ähnlich zum nebenstehenden Bild gezeigt. Die Höhe des jeweiligen Balkens gibt an, wie viele Zuschauer im Publikum prozentual die entsprechende Antwort für richtig halten.

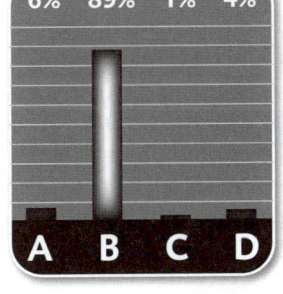

Der Kandidat sieht also unmittelbar, dass sich die meisten für Antwort B entschieden haben.

Nicht nur bei „Wer wird Millionär?", sondern auch in Zeitungen und Zeitschriften werden Statistiken meist in Form von Grafiken abgedruckt. Oft sind Daten einer **repräsentativen Umfrage** Grundlage einer solchen Grafik. Eine repräsentative Umfrage umfasst die Antworten von z. B. 1 000 Personen **(Stichprobe)**, erlaubt es aber dennoch, die Umfrageergebnisse auf eine große **Grundgesamtheit** (z. B. die Bewohner eines Landes) zu übertragen. Dies ist nur dann möglich, wenn die Verteilung in der Stichprobe in den für die Befragung wichtigen Merkmalen (das können sein: Alter, Geschlecht, Bildungsstand, Einkommensklasse u. Ä.) mit der entsprechenden Verteilung in der Grundgesamtheit möglichst genau übereinstimmt. Die Stichprobe muss also die Grundgesamtheit im Kleinen abbilden.

Beispiel

Eine repräsentative Umfrage unter 2 000 Personen in Deutschland (ca. 80 Millionen Einwohner) hat ergeben, dass 2 % mehr als 1 Handy in Gebrauch haben.
Geben Sie an, wie viele Personen in Deutschland mehr als 1 Handy benutzen.

Lösung:
80 000 000 · 0,02 = 1 600 000
1,60 Millionen Personen in Deutschland haben mehr als 1 Handy in Gebrauch.

Unabhängig davon, woher die Daten stammen – ob vom Publikum bei „Wer wird Millionär" oder aus einer repräsentativen Umfrage oder aus anderen Quellen –, für jede Statistik, d. h., sowohl für absolute als auch für relative Häufigkeiten, gibt es verschiedene Möglichkeiten der Darstellung.

5.1 Darstellung absoluter Häufigkeiten

Auf einem Flug von München nach Oslo befinden sich Passagiere aus verschiedenen Nationen:

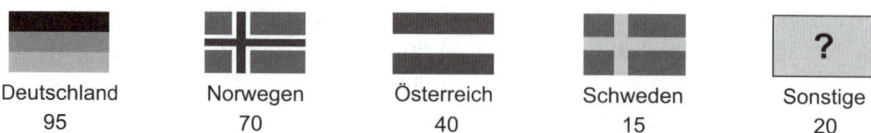

Deutschland	Norwegen	Österreich	Schweden	Sonstige
95	70	40	15	20

Die Darstellung einer solchen Verteilung kann als **Säulen-**, **Balken-**, **Stab-** oder **Kreisdiagramm** erfolgen. Auch eine Darstellung mit unterschiedlich großen **Figuren** ist möglich.

Säulendiagramm:
Die Höhe der Säule zeigt die absolute Häufigkeit an. Die Breite der Säulen ist beliebig, aber alle Säulen sind gleich breit.

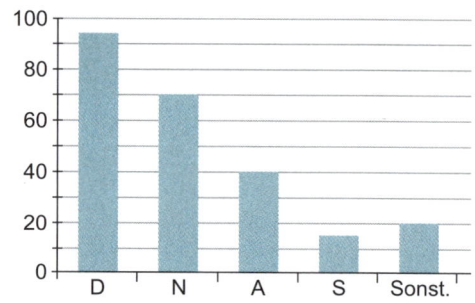

Balkendiagramm:
Die absolute Häufigkeit wird durch die Länge des Balkens dargestellt. Die Höhe der Balken ist beliebig, aber stets gleich.

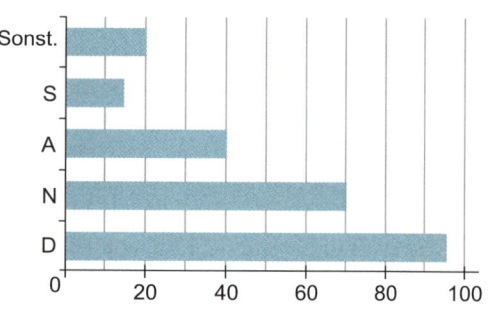

Stabdiagramm:
An der Höhe des Stabs lässt sich die absolute Häufigkeit ablesen.

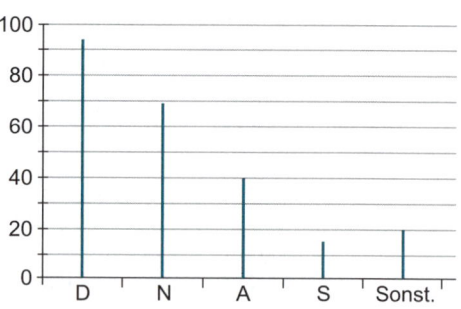

Kreisdiagramm:

Die Größe des Kreissektors und damit die Größe des Mittelpunktswinkels entspricht der absoluten Häufigkeit.

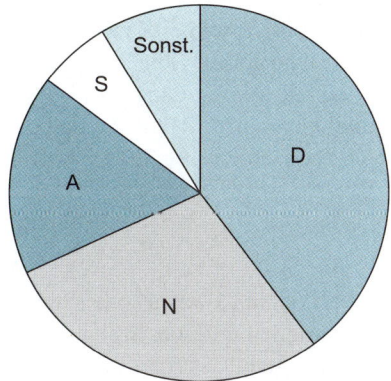

Möchte man die jeweiligen Mittelpunktswinkel für das Kreisdiagramm bestimmen, empfiehlt sich eine Dreisatzrechnung. Für das Beispiel mit dem Flug von München nach Oslo ergibt sich:

$240 \text{ Passagiere} \,\hat{=}\, 360°$

$\quad 1 \text{ Passagier} \,\hat{=}\, \frac{360°}{240} = 1,5°$

$\quad x \text{ Passagiere} \,\hat{=}\, x \cdot 1,5°$

Und daher:

Deutschland: $95 \text{ Passagiere} \,\hat{=}\, 95 \cdot 1,5° = 142,5°$

Norwegen: $\quad 70 \text{ Passagiere} \,\hat{=}\, 70 \cdot 1,5° = 105°$

Österreich: $\quad 40 \text{ Passagiere} \,\hat{=}\, 40 \cdot 1,5° = 60°$

Schweden: $\quad 15 \text{ Passagiere} \,\hat{=}\, 15 \cdot 1,5° = 22,5°$

Sonstige: $\quad 20 \text{ Passagiere} \,\hat{=}\, 20 \cdot 1,5° = 30°$

Figuren:

Die Größe (hier: die Fläche) der Figur ist das Maß für die absolute Häufigkeit.

Deutschland	Norwegen	Österreich	Schweden	Sonstige
95	70	40	15	20

Definition

Eine Verteilung absoluter Häufigkeiten lässt sich veranschaulichen als
- **Säulendiagramm:** Höhe der Säule zeigt die absolute Häufigkeit an.
- **Balkendiagramm:** Länge des Balkens zeigt die absolute Häufigkeit an.
- **Stabdiagramm:** Höhe des Stabes zeigt die absolute Häufigkeit an.
- **Kreisdiagramm:** Größe des Mittelpunktswinkels zeigt die absolute Häufigkeit an.
- **Figuren:** Größe der Figur zeigt die absolute Häufigkeit an.

Aus einem Säulen-, Balken- oder Stabdiagramm lassen sich die absoluten Häufigkeiten unmittelbar ablesen. Soll aus einem Kreisdiagramm eine Tabelle absoluter Häufigkeiten erstellt werden, so ist der Mittelpunktswinkel zu messen und eine Dreisatzrechnung zu machen:

$360° \triangleq$ Gesamtzahl

$1° \triangleq \dfrac{\text{Gesamtzahl}}{360}$

$x° \triangleq x \cdot \dfrac{\text{Gesamtzahl}}{360}$

Beispiel

Lesen Sie die Farbverteilung der 180 Gummibärchen einer Packung aus dem Kreisdiagramm ab.

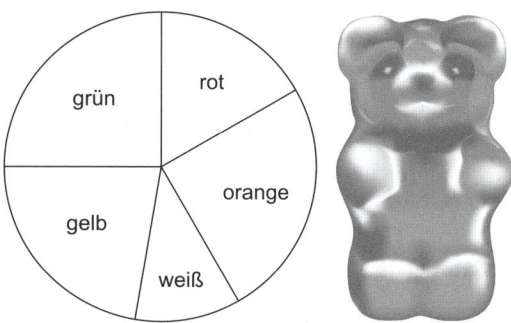

Lösung:
Verlängert man die Linien im Diagramm, so können die Winkel der einzelnen Farben abgelesen werden.

Über die Winkel lassen sich die Gummibärchenanzahlen wie folgt berechnen:

$360° \triangleq 180$ Gummibärchen

$1° \triangleq \dfrac{180\,\text{Gummibärchen}}{360} = \dfrac{1}{2}$ Gummibärchen

$x° \triangleq x \cdot \dfrac{1}{2}$ Gummibärchen

Somit:

rot: $60° \triangleq 60 \cdot \frac{1}{2}$ Gummibärchen $= 30$ Gummibärchen

orange: $90° \triangleq 90 \cdot \frac{1}{2}$ Gummibärchen $= 45$ Gummibärchen

weiß: $40° \triangleq 40 \cdot \frac{1}{2}$ Gummibärchen $= 20$ Gummibärchen

gelb: $80° \triangleq 80 \cdot \frac{1}{2}$ Gummibärchen $= 40$ Gummibärchen

grün: $90° \triangleq 90 \cdot \frac{1}{2}$ Gummibärchen $= 45$ Gummibärchen

Sollen die absoluten Häufigkeiten aus Figuren abgelesen werden, so muss zunächst die Größe der einzelnen Figuren ermittelt werden. Die Gesamtgröße aller Figuren entspricht der Gesamtzahl, die Größe einer Figur gibt die entsprechende absolute Häufigkeit an.

Beispiel

In Amelies Federmäppchen befinden sich Buntstifte, Leuchtstifte und Kugelschreiber. Die Verteilung der absoluten Häufigkeiten aller 14 Schreibgeräte ist durch Kreise dargestellt.
Bestimmen Sie die Anzahl der Buntstifte, Leuchtstifte und Kugelschreiber.

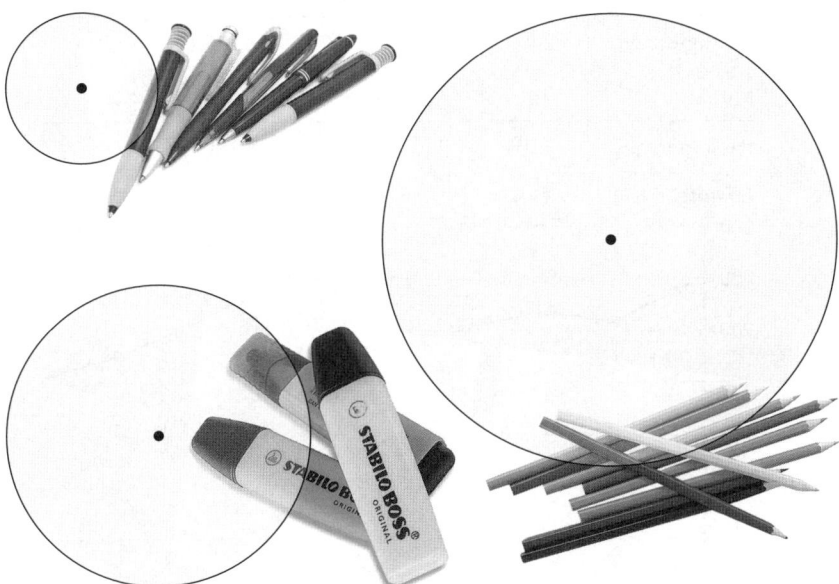

Lösung:
Die Größe der Kreise ist durch ihre Fläche bestimmt. Durch Ausmessen erhält man die Radien 1 cm (Kugelschreiber), 2 cm (Leuchtstifte) und 3 cm (Buntstifte). Da sich die Fläche eines Kreises über die Formel $r^2\pi$ berechnen lässt, ergeben sich als Kreisflächen 1π cm^2, 4π cm^2 und 9π cm^2.
Die Gesamtfläche ist 1π cm$^2 + 4\pi$ cm$^2 + 9\pi$ cm$^2 = 14\pi$ cm^2.
Da **14** Stifte in Amelies Mäppchen sind und die Gesamtfläche **14**π cm^2 beträgt, geben die Größen der Flächen direkt die Verteilung der Stifte an: Amelie hat also 1 Kugelschreiber, 4 Leuchtstifte und 9 Buntstifte in ihrem Federmäppchen.

Anmerkung: Würden nicht genau 14 Stifte in Amelies Mäppchen liegen, würden die Größen der Kreisflächen erst einmal nur eine Aussage über das Verhältnis der Stifteanzahlen liefern, nämlich $1:4:9$ Schreibgeräte.

Eine weitere Diagrammart ist das **Liniendiagramm**. Es wird hauptsächlich dann genutzt, wenn eine zeitliche Entwicklung veranschaulicht werden soll.

Beispiele

1. Die Tabelle zeigt die (gerundeten) Passagierzahlen des Flugs von München nach Oslo am jeweils ersten Samstag eines Monats.
   Fertigen Sie ein Liniendiagramm an.

Monat	Jan	Feb	Mar	Apr	Mai	Jun
Passagierzahl	240	210	220	210	190	180

Monat	Jul	Aug	Sep	Okt	Nov	Dez
Passagierzahl	170	230	200	180	160	200

Lösung:

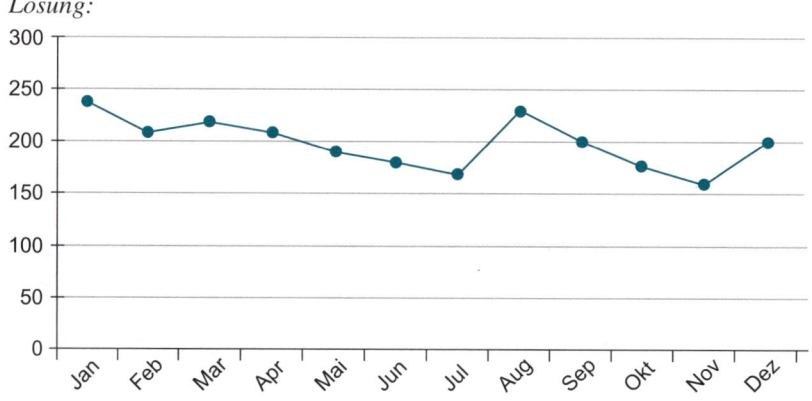

Die Punkte markieren die Passagierzahlen, die verbindende Linie macht das Auf und Ab sichtbar.

2. In vielen Reiseführern sind Klimawerte angegeben, um das Wetter zur
   gewünschten Reisezeit in etwa beschreiben zu können. Der Deutsche
   Wetterdienst hat aus den Daten der Jahre 1981–2010 die durchschnittliche monatliche Sonnenscheindauer in München ermittelt:

Monat	Jan	Feb	Mar	Apr	Mai	Jun
durchschnittliche Sonnenscheindauer	79	96	133	170	209	210

Monat	Jul	Aug	Sep	Okt	Nov	Dez
durchschnittliche Sonnenscheindauer	238	220	163	125	75	59

Fertigen Sie ein Liniendiagramm an, das in einem Reiseführer Aufschluss
über die Sonnenscheindauer in den einzelnen Monaten gibt.

Lösung:

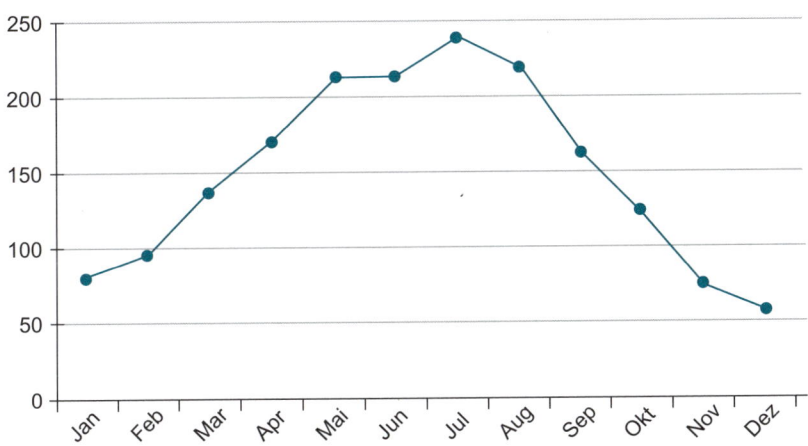

Die Punkte markieren die durchschnittliche Sonnenscheindauer, die Linie
macht das Ansteigen und Abnehmen deutlich.

Alle Diagramme können von Hand gezeichnet werden. Sie lassen sich aber auch
mithilfe eines Tabellenkalkulationsprogramms wie Excel erstellen.
Bei Excel geht man folgendermaßen vor: Man trägt die Daten in ein Tabellenblatt
ein. Dann muss man diese Tabelle markieren und das Menü „Diagramme" aufrufen. Dort kann man den Diagrammtyp wählen und das Diagramm benutzerdefi-
niert beschriften.

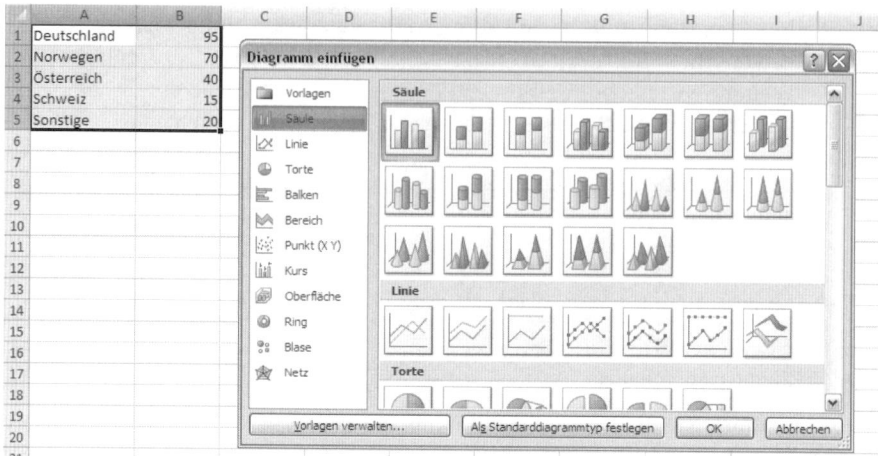

Beispiel

Stellen Sie die Werte der durchschnittlichen monatlichen Sonnenscheindauer von der Tabelle auf Seite 39 mit Excel in einem Balkendiagramm dar.

Lösung:

Die Daten werden in ein Tabellenblatt eingetragen. Dann markiert man die Tabelle, ruft das Menü „Diagramme" auf und wählt das Balkendiagramm aus. Das Programm liefert die Grafik:

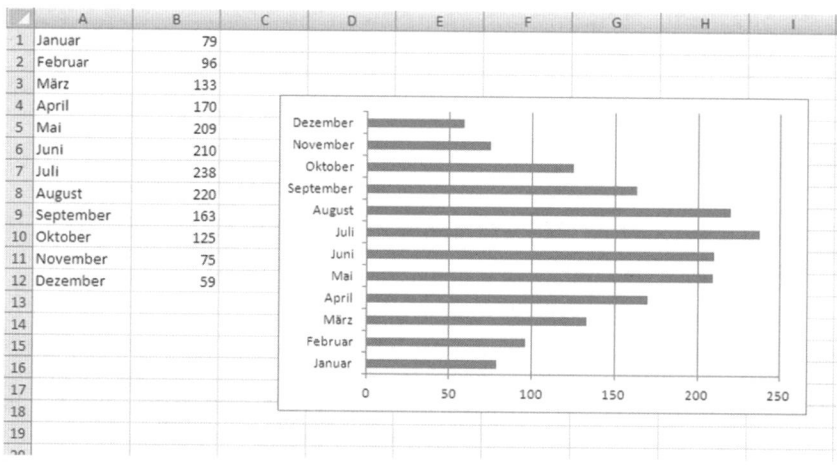

Hinweis: Das Diagramm kann noch beliebig beschriftet und mit einem Titel versehen werden. Ebenso lassen sich die Rahmenlinien sowie die Zeichnungsfläche formatieren.

Aufgaben **32.** In Kapitel 4 (Seite 21) ergab sich als Ergebnis der Befragung:

	1	2	3	0	Schülerzahl insgesamt
Alex	6	10	6	6	28
Bernd	5	12	7	7	31
Carola	7	10	11	2	30
Daniela	7	11	3	10	31
Erol	5	10	3	12	30
gesamt	30	53	30	37	150

a) Fertigen Sie für das Ergebnis von Carola ein Säulendiagramm.

b) Fertigen Sie für das Ergebnis von Daniela ein Balkendiagramm.

c) Veranschaulichen Sie das Gesamtergebnis in einem Kreisdiagramm.

33. Das STARK-Gymnasium stellt eine Grafik über den Wohnort der neu ange-
meldeten Schüler zur Verfügung. Dabei stellt die helle Säule die Anzahl der
Mädchen, die dunkle Säule die Anzahl der Jungen dar, die im jeweiligen Ort
wohnen.

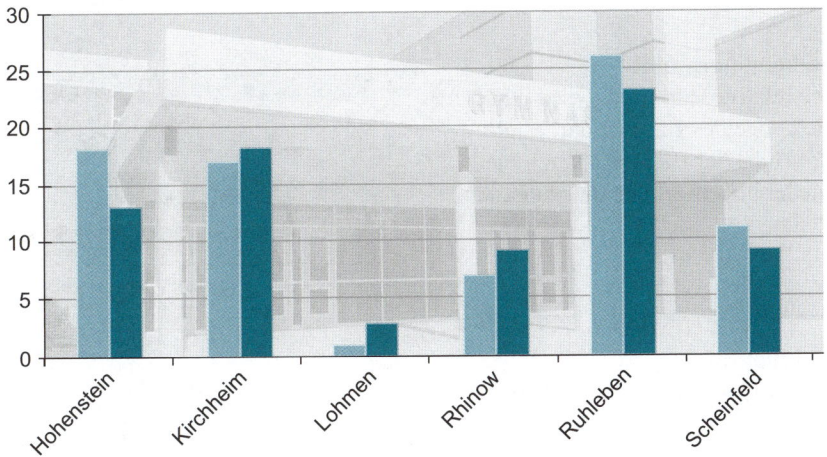

Fertigen Sie eine Tabelle an, die die Anzahl der im jeweiligen Ort wohnenden
Mädchen bzw. Jungen angibt.

5.2 Darstellung relativer Häufigkeiten

Relative Häufigkeiten lassen sich ebenfalls in Säulen-, Balken-, Stab-, Kreis- und Liniendiagrammen oder Figuren darstellen. Zusätzlich gibt es noch eine weitere Möglichkeit, nämlich den **Prozentstreifen** bzw. das **Streifendiagramm**.

Beim 200-maligen Werfen eines Tetraeders mit den Seiten 1, 2, 3 und 4 ergaben sich folgende relative Häufigkeiten:

1	2	3	4
27 %	21 %	24 %	28 %

Säulendiagramm:
Die Höhe der Säule zeigt die relative Häufigkeit an. Die Breite der Säulen ist wiederum beliebig, aber stets bei allen gleich.

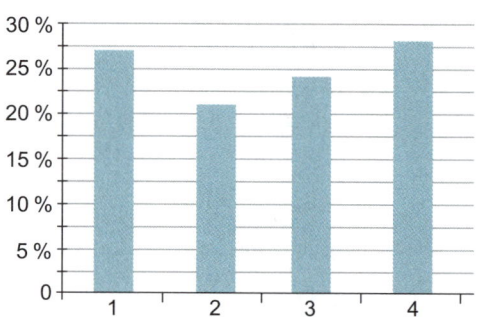

Balkendiagramm:
Die relative Häufigkeit wird durch die Länge des Balkens dargestellt. Die Höhe der Balken ist auch hier wieder beliebig, aber stets bei allen gleich.

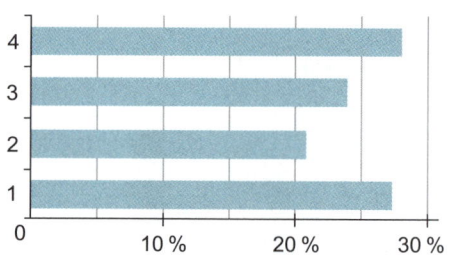

Stabdiagramm:
An der Höhe des Stabs lässt sich die relative Häufigkeit ablesen.

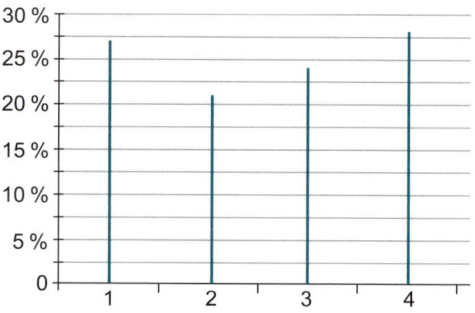

Kreisdiagramm:

Hier entspricht der Anteil an der Kreisfläche der relativen Häufigkeit.

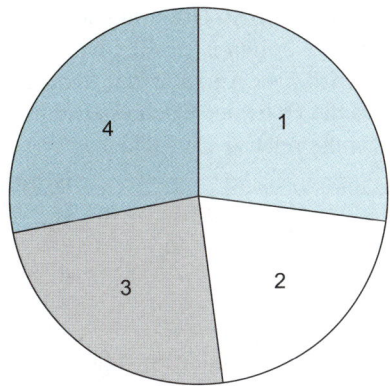

Zur Berechnung des jeweiligen Mittelpunktwinkels eignet sich, wie bei den absoluten Häufigkeiten auch, eine Dreisatzrechnung:

$100\ \% \mathrel{\hat=} 360°$

$\quad 1\ \% \mathrel{\hat=} \frac{360°}{100} = 3,6°$

$\quad x\ \% \mathrel{\hat=} x \cdot 3,6°$

Für den mehrmaligen Tetraederwurf ergibt sich somit:

1: $\quad 27\ \% \mathrel{\hat=} 27 \cdot 3,6° = 97,2°$

2: $\quad 21\ \% \mathrel{\hat=} 21 \cdot 3,6° = 75,6°$

3: $\quad 24\ \% \mathrel{\hat=} 24 \cdot 3,6° = 86,4°$

4: $\quad 28\ \% \mathrel{\hat=} 28 \cdot 3,6° = 100,8°$

Figuren:

Die Größe (hier: das Volumen) der Figur ist Maß für die relative Häufigkeit.

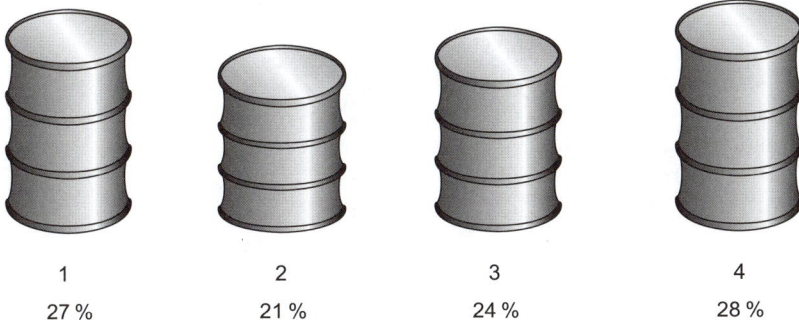

1	2	3	4
27 %	21 %	24 %	28 %

Prozentstreifen/Streifendiagramm:

Der Prozentstreifen ist ein Rechteck, das durch senkrechte Linien in Teilflächen zerlegt wird. Der Anteil an der Rechtecksfläche kennzeichnet die relative Häufigkeit. Da die Höhe der Fläche stets die gleiche ist, ist die Länge des Anteils ein Maß für die relative Häufigkeit.

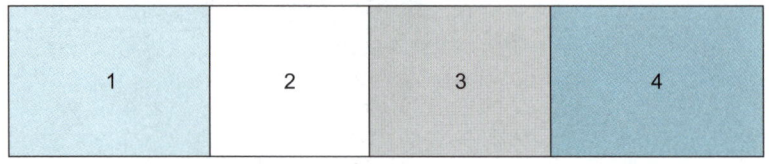

Bei der Erstellung eines Prozentstreifens empfiehlt es sich, als Länge 10 cm zu verwenden. Dann erfolgt der Eintrag der Prozentzahl x als $\frac{x}{10}$ cm.

Für das Tetraeder mit den Seiten 1, 2, 3 und 4 ergibt sich somit:

1	2	3	4
27 %	21 %	24 %	28 %
2,7 cm	2,1 cm	2,4 cm	2,8 cm

Definition

> Eine Verteilung relativer Häufigkeiten lässt sich als **Säulen-**, **Balken-**, **Stab-**, **Kreis-** und **Liniendiagramm** sowie in **Figuren** darstellen. Zusätzlich gibt es noch eine weitere Möglichkeit, nämlich den **Prozentstreifen** (auch **Streifendiagramm** genannt).

Aus einem Säulen-, Balken-, Stab- oder Liniendiagramm lassen sich relative Häufigkeiten unmittelbar ablesen.
Soll aus einem Kreisdiagramm eine Tabelle relativer Häufigkeiten erstellt werden, so ist zunächst der Mittelpunktwinkel zu messen. Die relative Häufigkeit lässt sich mithilfe eines Dreisatzes oder als Anteil an 360° bestimmen.

Beispiel

Die relativen Häufigkeiten von A, B und C sind in einem Kreisdiagramm mit den Mittelpunktswinkeln 63°, 135° und 162° dargestellt.
Geben Sie die relativen Häufigkeiten von A, B und C an.

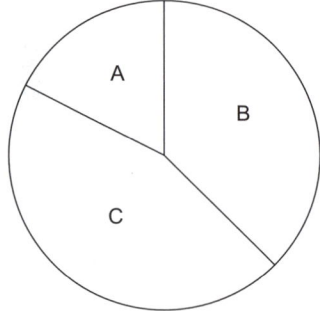

Lösung:

$360° \triangleq 100\,\%$

$1° \triangleq \frac{100}{360}\,\%$

$x° \triangleq x \cdot \frac{100}{360}\,\%$

Somit:

A: $\quad 63° \triangleq 63 \cdot \frac{100}{360}\,\% = 17,5\,\%$ $\qquad$ oder $\frac{63°}{360°} = 0,175 = 17,5\,\%$

B: $\quad 135° \triangleq 135 \cdot \frac{100}{360}\,\% = 37,5\,\%$ $\qquad$ oder $\frac{135°}{360°} = 0,375 = 37,5\,\%$

C: $\quad 162° \triangleq 162 \cdot \frac{100}{360}\,\% = 45\,\%$ $\qquad$ oder $\frac{162°}{360°} = 0,45 = 45\,\%$

Beim Ablesen eines Prozentstreifens ist die Gesamtlänge a sowie die jeweilige Teillänge b zu messen und mithilfe einer Dreisatzrechnung ins Verhältnis zu setzen.

$100\,\% \triangleq a$

$1\,\% \triangleq \frac{a}{100}$

$x\,\% \triangleq x \cdot \frac{a}{100} = b$

Beispiel

Als Gesamtlänge des Prozentstreifens werden 16 cm abgelesen. Der zu bestimmende Teil hat eine Länge von 3 cm.

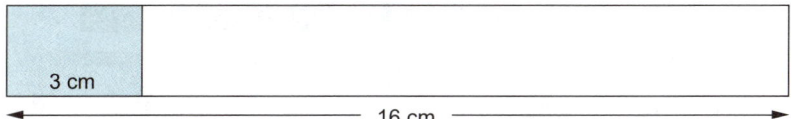

3 cm

16 cm

Wie viel Prozent werden durch die 3 cm dargestellt?

Lösung:

$100\,\% \triangleq 16\,\text{cm}$

$1\,\% \triangleq \frac{16\,\text{cm}}{100} = 0,16\,\text{cm}$

$x\,\% \triangleq x \cdot 0,16\,\text{cm}$

Also:

$x \cdot 0,16\,\text{cm} = 3\,\text{cm}$

$x = \frac{3\,\text{cm}}{0,16\,\text{cm}} = 18,75$

Der Teilstreifen stellt 18,75 % dar.

Aufgaben **34.**

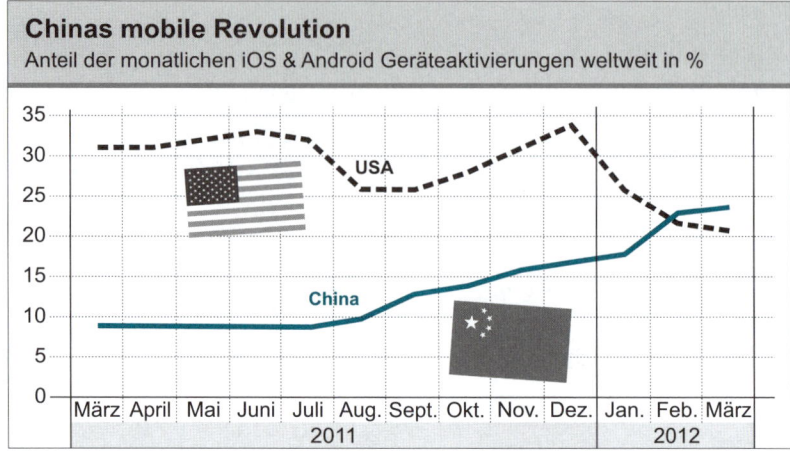

Chinas mobile Revolution
Anteil der monatlichen iOS & Android Geräteaktivierungen weltweit in %

a) Wann hatte die USA den größten Anteil an iOS & Android Geräteaktivierungen?

b) Geben Sie einen möglichen Grund für dieses Hoch an.

c) Wann überstieg Chinas Anteil die 10 %-Marke?

d) Wann und bei wie viel % waren China und die USA gleich auf?

35.

14 % der Onliner lesen eBooks
eBook-Nutzung von deutschen Onlinern in %

■ eBook-Verweigerer   ▢ Potenzielle eBook-Nutzer   ▨ eBook-Nutzer

Papierbücher, eBook-Nutzung nicht geplant	55 %
Papierbücher, eBook-Nutzung geplant	24 %
Nichtleser	8 %
eReader	7 %
Tablet-PC	5 %
eReader und Tablet-PC	2 %

Umfrage unter 2 000 Internetnutzern in 2012, Prozentpunkte über 100 % rundungsbedingt

a) Fertigen Sie ein Kreisdiagramm, das alle 6 Sparten umfasst. Beachten Sie
   dabei den Hinweis unter der Grafik und passen Sie die Werte entsprechend an.

b) Fertigen Sie einen Prozentstreifen für die drei farblich unterschiedlichen
   Kategorien. Beachten Sie dabei den Hinweis unter der Grafik und passen
   Sie den Streifen entsprechend an.

5.3 Darstellungen mit „Schummeleffekt"

Bei der Darstellung von Statistiken kann man
allerlei anstellen. Peter jammert über die un-
geheuren Schneemassen in diesem Winter.
Ständig wünscht er sich das letzte Jahr zurück, in dem es viel weniger Schnee gab.
Dazu hat er die nebenstehende Zeichnung
erstellt. Glaubt man seinem Bild, so gibt es in
diesem Jahr grob geschätzt mindestens sechsmal so viel Schnee wie im letzten Winter.
Tatsächlich gibt es heuer etwas mehr Schnee,
aber eben nur eine geringe Menge mehr.
Peter drückt mit seiner Zeichnung also seine
Empfindung aus und nicht die tatsächlichen
Werte.

dieses Jahr   letztes Jahr

Sicher kennen auch Sie den Satz:
„Glaube keiner Statistik, die du nicht selbst gefälscht hast."

Solche „Fälschungen" lassen sich am einfachsten durch entsprechend „geschick-
te" Darstellungen erzielen.

Bilder von Statistiken werden mitunter manipuliert, sei es, um gewisse Trends
noch deutlicher hervorzuheben, sei es, um die Betrachter der Statistik bewusst zu
täuschen. Achten Sie bei grafischen Darstellungen von Statistiken daher genau
auf die Achsen, die Achsenskalen und deren Abstände und bei Figuren auf deren
Größenverhältnisse.

Um einen Eindruck von diesen „Fälschungen" zu bekommen, werden die einzelnen Manipulationsmöglichkeiten an den Darstellungen eines konkreten Beispiels
erläutert:

Beispiel   Eric steckt, wo immer er sie finden kann, Streichholzheftchen mit Werbeauf-
drucken ein. Wenn er die Streichhölzer verbraucht hat, wirft er das Streichholzheftchen weg. Einmal im Jahr macht sich Eric an eine Sichtung seiner
Sammlung und sortiert die Heftchen, die er mehrfach hat, aus. Dann notiert er
sich die aktuelle Anzahl seiner unterschiedlichen Streichholzheftchen.

Eric hat die Anzahlen in dem nachfolgenden Diagramm veranschaulicht.

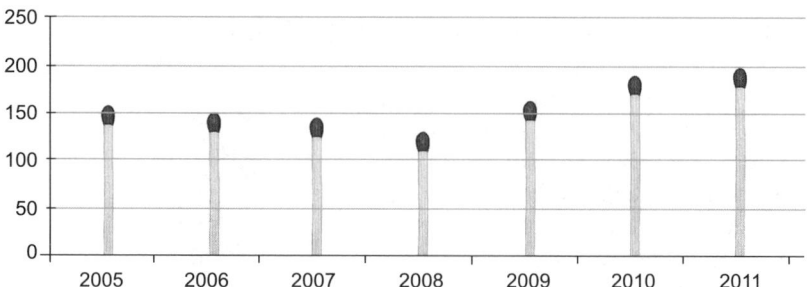

Denken Sie bei den nachfolgenden Diagrammen immer daran, dass stets dieselben Daten dargestellt werden. Beobachten Sie die Effekte.

Dieses Diagramm lässt sich „nach Bedarf" abwandeln,

- indem man die y-Achse nicht bei 0 beginnen lässt:

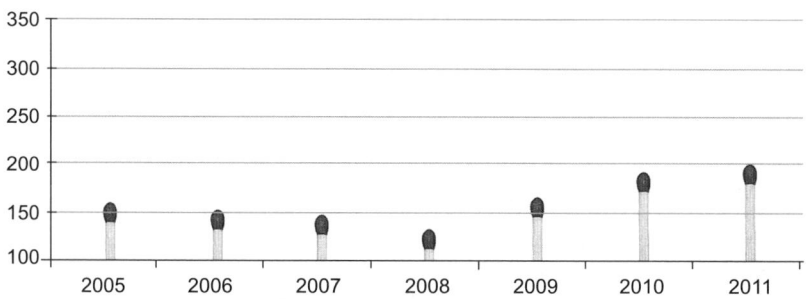

Die Werte erscheinen für alle Jahre niedriger. So hat man den Eindruck, als ob Eric im Jahr 2008 nur sehr wenige Streichholzheftchen gehabt hätte. Außerdem erscheinen die Unterschiede größer. Bei dieser Darstellung ist das Streichholz von 2011 mehr als dreimal so lang wie das Streichholz von 2008, im „unverfälschten Original" nur eineinhalbmal so lang.

- indem man außerdem den Maßstab auf der y-Achse vergrößert:

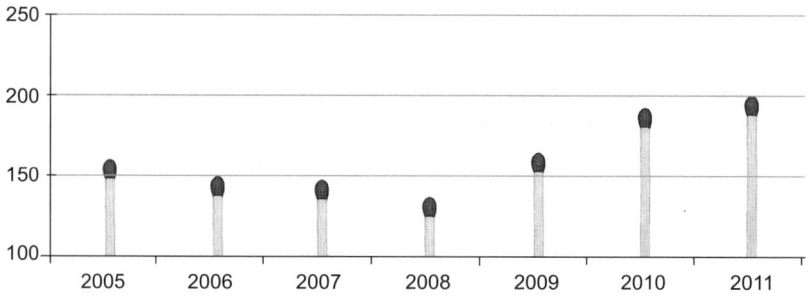

Der Unterschied zwischen den einzelnen Jahren erscheint nun größer. Das Verhältnis (z. B. zwischen 2008 und 2011) ist aber das gleiche wie bei der ersten Manipulation. Während im „unverfälschten Original" das Streichholz von 2011 ca. eineinhalbmal so lang wie das Streichholz von 2008 ist, ist bei dieser Darstellung das Streichholz von 2011 mehr als dreimal so lang wie das Streichholz von 2008.

- indem man auf der Zeitachse unterschiedliche Abstände verwendet:

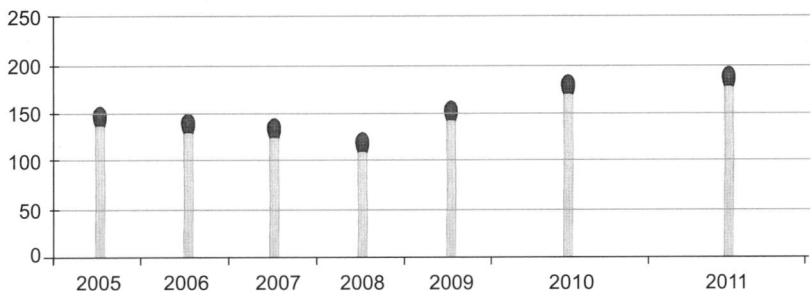

Der Blick wird nun auf die letzten Jahre gelenkt, sodass diese von größerer Bedeutung scheinen. Außerdem suggeriert die Darstellung zunächst einen Zeitsprung. Man vermutet also auf den ersten Blick mehr als 1 Jahr zwischen den letzten Zählungen.

- indem man auf der Zeitachse nicht jedes Jahr, sondern nur „geeignete" Jahre erfasst:

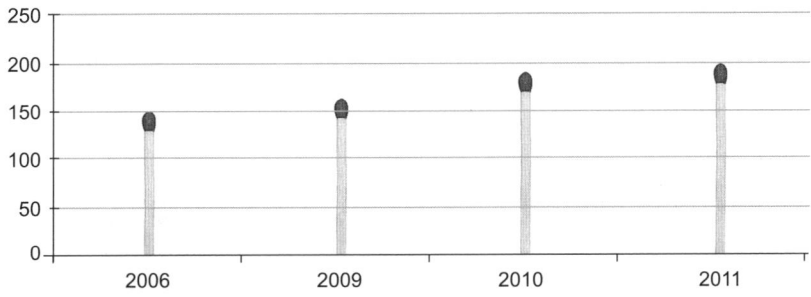

Nun scheint Eric von Jahr zu Jahr immer mehr Streichholzheftchen zu haben. Den Rückgang von 2007 und von 2008 lässt man einfach unberücksichtigt.

- indem man außerdem für die Säulen unterschiedliche Stärken wählt:

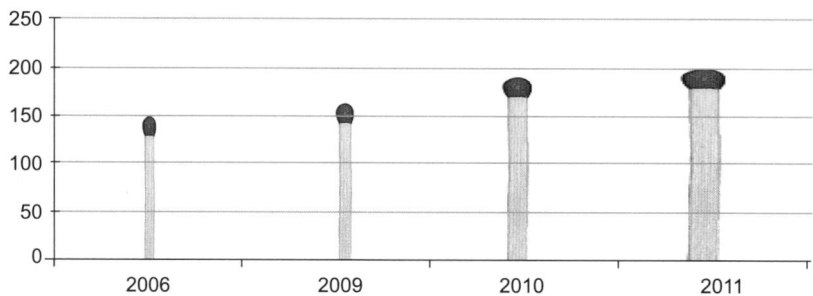

Hier erscheint die Säule ganz rechts durch die größere Breite sehr viel wuchtiger, als es der Unterschied von 150 bei der Säule ganz links zu 200 bei der Säule ganz rechts eigentlich zulässt. Betrachtet man die Fläche der Streichhölzer, so müsste sich Erics Bestand im Jahr 2011 im Vergleich mit 2006 mehr als verdreifacht haben.

Bei Figuren hat man keine Achsen und Achsenskalierungen, die man beeinflussen könnte. Um eine realitätsgetreue Veranschaulichung zu erhalten, müssen die jeweiligen Flächengrößen mit den darzustellenden Werten übereinstimmen, z. B.:

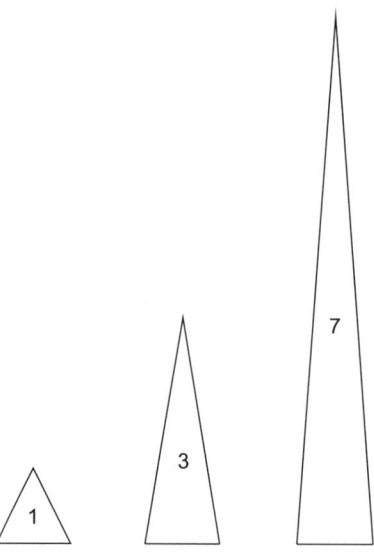

Für die drei Dreiecke wurde dieselbe Grundlinie gewählt, während die Höhe und damit die Fläche verdrei- bzw. versiebenfacht wurde. Damit sind die eingetragenen Werte stimmig (die Dreiecke sind sich jedoch nicht ähnlich).

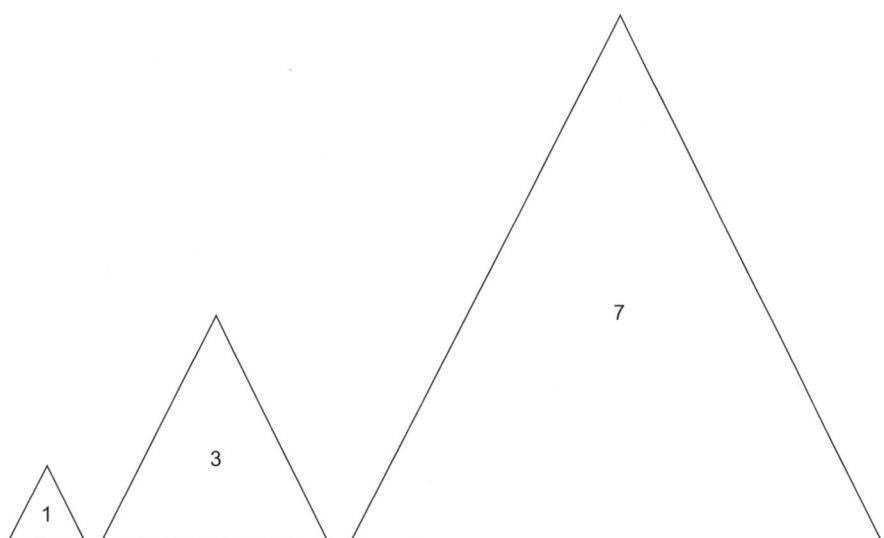

Hier wurde sowohl die Höhe als auch die Grundlinie verdrei- bzw. versiebenfacht. So bleiben die Dreiecke zwar ähnlich, aber die Veranschaulichung der
Werte 3 bzw. 7 ist falsch, weil die Fläche ja nun verneun- bzw. verneunundvier-
zigfacht wurde.

Eine solche Vergrößerung von Figuren in Länge **und** Höhe um den gegebenen
Faktor kommt sehr häufig vor, dadurch entsteht ein falscher Eindruck über die
Vergleichbarkeit der Werte, die dargestellt werden sollen.

Regel

- Stab-, Balken-, Säulen- oder Liniendiagramme lassen sich **manipulieren**,
  indem man z. B.
  - die y-Achse nicht bei 0 beginnen lässt.
  - den Maßstab auf der y-Achse verändert.
  - auf der x-Achse keine gleichmäßigen (linearen) Abstände einhält.
  - nur ausgewählte Daten darstellt.
  - die Breite der Säulen variiert.

- Figuren werden manipuliert, indem man z. B. Länge **und** Höhe mit dem gegebenen Faktor a multipliziert (und somit die Fläche um den Faktor a^2 vergrößert).

Aufgaben 36. Beurteilen Sie die beiden Darstellungen.

a)
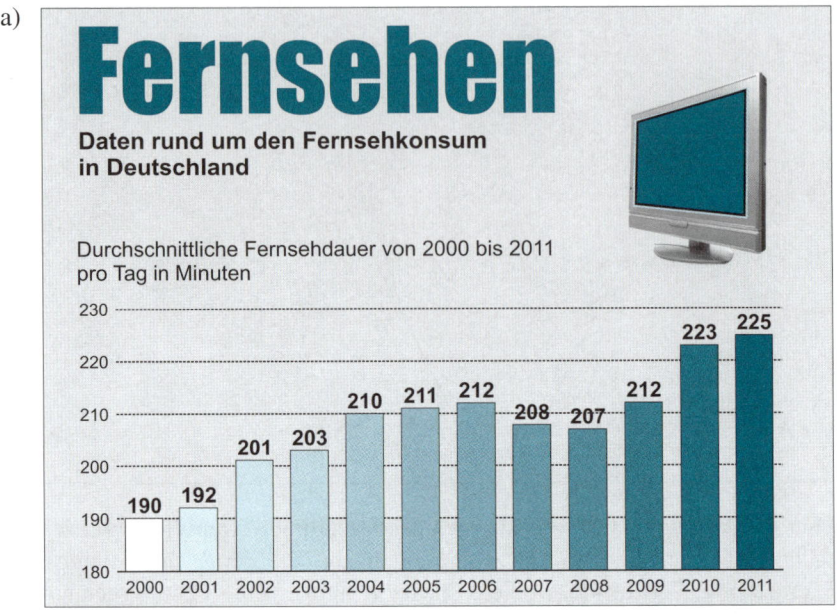

b)
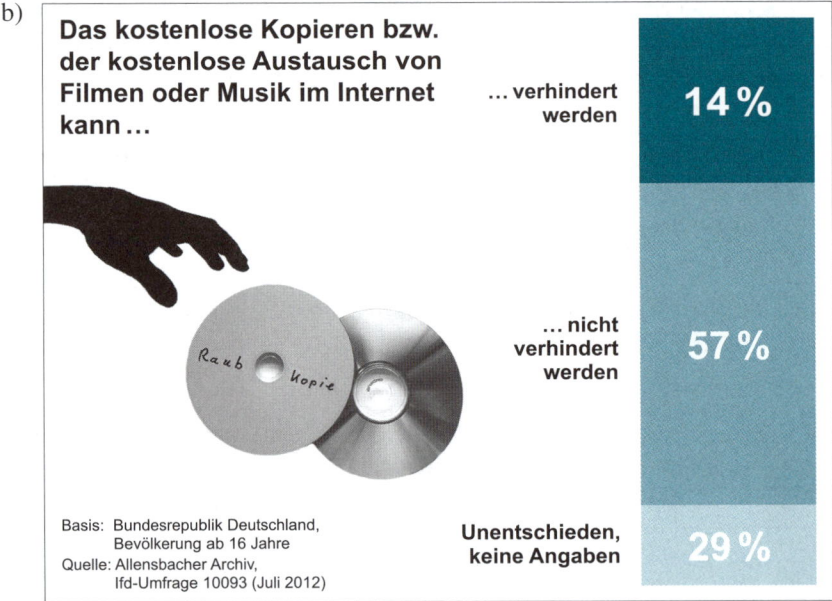

37. Beim 500-maligen Werfen eines Würfels ergaben sich
folgende absolute Häufigkeiten:

1	2	3	4	5	6
87	83	71	88	84	87

a) Fertigen Sie ein Säulendiagramm, dessen y-Achse bei 70 beginnt.
   Beschreiben Sie, welcher Eindruck entsteht.

b) Fertigen Sie ein Balkendiagramm für die zugehörigen relativen Häufigkeiten.

38. Die Grafik zeigt den Anteil der Kinder zwischen 4 Jahren und dem Einschu-
lungsalter, die im Jahre 2005 bzw. 2010 in Deutschland und seinen Nachbarstaaten eine Vorschule besuchten.

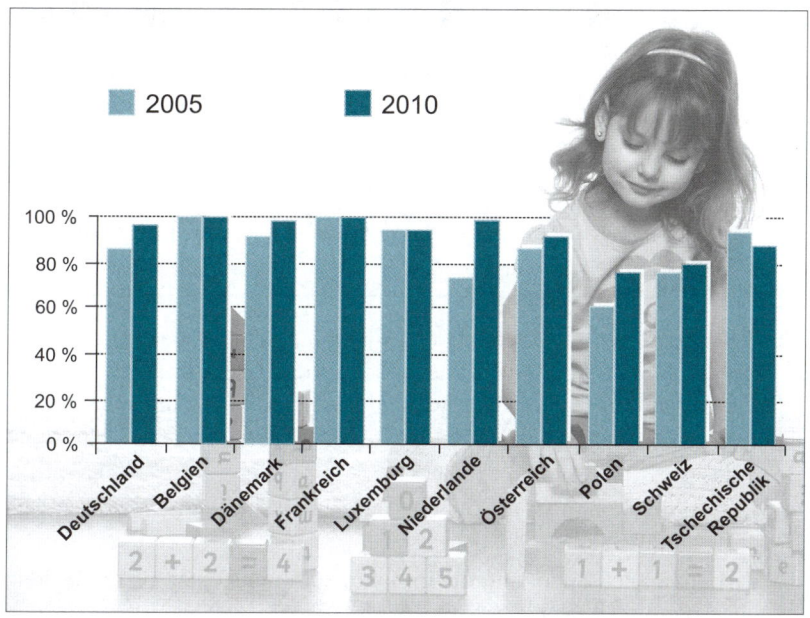

a) Lesen Sie im Diagramm das Land ab, dessen Anteil an Vorschulkindern
   im Jahr 2005 am niedrigsten war.

b) Listen Sie die Länder auf, die im Jahr 2005 den höchsten Anteil an Vorschulkindern hatten.

c) Bestimmen Sie die Länder, die im Jahr 2010 den höchsten Anteil an Vorschulkindern hatten.

d) Geben Sie das Land an, dessen Anteil sich von 2005 bis 2010 am stärksten erhöhte.

39.

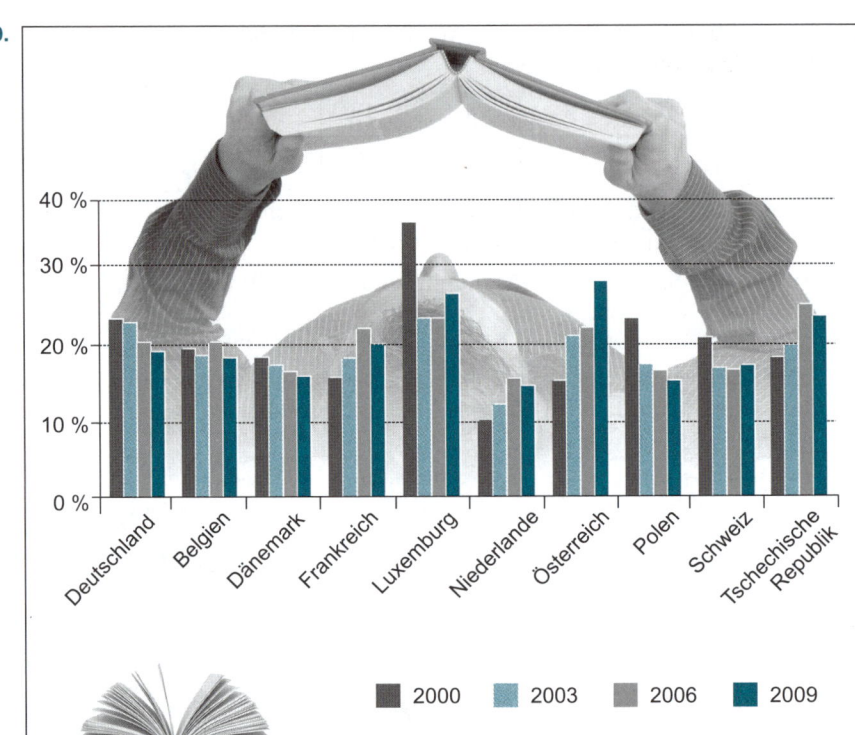

Das Diagramm zeigt den Anteil der 15-jährigen Schüler, deren Lesekompetenz in der PISA-Studie mit „schlecht" oder sogar „sehr schlecht" beurteilt wurde. Aufgeführt sind für Deutschland und seine Nachbarstaaten die jeweiligen Prozentzahlen in den Jahren 2000, 2003, 2006 und 2009 (siehe auch Legende).

a) Geben Sie die Länder an, die im Jahre 2000 schlechter als Deutschland abgeschnitten haben.

b) Listen Sie die Länder auf, die im Jahre 2009 schlechter als Deutschland abgeschnitten haben.

c) Bestimmen Sie die Länder, die 2009 besser waren als 2000.

d) Listen Sie die Länder auf, die sich seit 2000 ständig verbessert haben.

e) Geben Sie das Land an, das sich im Jahre 2009 im Vergleich zu 2000 am stärksten verbessert hat.

40.

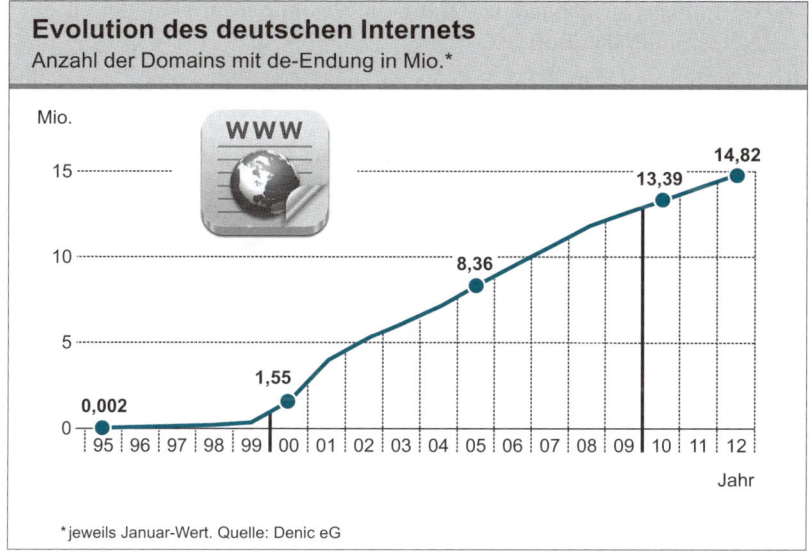

Evolution des deutschen Internets
Anzahl der Domains mit de-Endung in Mio.*

*jeweils Januar-Wert. Quelle: Denic eG

a) Wann ungefähr wurde die Anzahl von 10 Millionen de-Domains über-schritten?

b) Wann erfolgte der stärkste Anstieg der de-Domains?

c) In welchem Zeitraum erfolgte der Anstieg nahezu linear?

41.

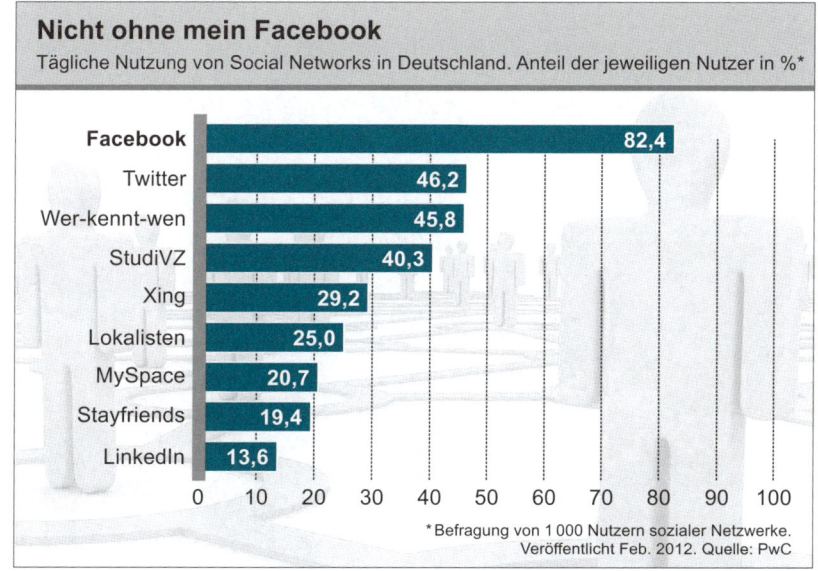

Nicht ohne mein Facebook
Tägliche Nutzung von Social Networks in Deutschland. Anteil der jeweiligen Nutzer in %*

*Befragung von 1 000 Nutzern sozialer Netzwerke.
Veröffentlicht Feb. 2012. Quelle: PwC

a) Bestimmen Sie anhand der Grafik die absolute Häufigkeit der Facebook-Nutzer unter den Befragten.

b) Erklären Sie, warum die Summe der angegebenen Prozentwerte nicht 1 ergibt.

c) Bestimmen Sie die absolute Häufigkeit der Befragten, die Twitter oder Stayfriends nutzen, wenn Ihnen bekannt ist, dass es niemanden gibt, der beide aufruft.

6 Deutung von Daten

Liegen zu einem Thema (z. B. Notenlisten, Kundenbefragungen oder Klimaaufzeichnungen) mehrere Datenreihen (aus z. B. mehreren Klassen, Befragungen zu unterschiedlichen Zeiten oder Wetterwerten verschiedener Städte) vor, so sollen diese oft miteinander verglichen werden. Den ersten Eindruck über die Daten bietet die Darstellung, wie sie in Kapitel 5 beschrieben wurde. Um die Daten auch noch deuten – und dann vergleichen – zu können, benötigt man **statistische Kennwerte**. Diese lassen sich dann wiederum in einem **Boxplot** veranschaulichen.

6.1 Arithmetisches Mittel

Frau Munner unterrichtet Mathematik in der 11b und in der 11d. Sie hat in beiden Kursen dieselbe Arbeit geschrieben und gerade fertig korrigiert. Die Notenlisten für diesen großen Leistungsnachweis sehen so aus:

Klasse 11b

Name	Punkte		Name	Punkte
Janine	7		Niklas	15
Stefan	5		Teresa	14
Florian	2		Adrian	0
Matteo	13		Robin	10
Anna	12		Frida	13
Lisa-Sophie	1		Fabian	2
Franziska	9		Martin	11
Tanja	1		Vanessa	14
Annika	8		Laura	15
Christopher	10		Antonia	12
Katharina	6		Daniel	6
Rebekka	4		Franz	3
Melina	2			

Klasse 11d

Name	Punkte
Julius	12
Felix	10
Simon	4
Selina	11
Anna-Lena	9
Marion	5
Florian	3
Nicole	11
Julia	10
Maximilian	12

Name	Punkte
Helene	3
Jessica	8
Sarah	10
Markus	2
Mirek	8
Franz	6
Thomas	7
Sabine	4
Alexandra	11
Sebastian	10

Um sich eine Übersicht über die Punkteverteilung zu verschaffen, fertigt Frau Munner für jeden Kurs eine Tabelle der absoluten Häufigkeiten:

Klasse 11b

Punkte	15	14	13	12	11	10	9	8
Anzahl	2	2	2	2	1	2	1	1
Punkte	7	6	5	4	3	2	1	0
Anzahl	1	2	1	1	1	3	2	1

Klasse 11d

Punkte	15	14	13	12	11	10	9	8
Anzahl	–	–	–	2	3	4	1	2
Punkte	7	6	5	4	3	2	1	0
Anzahl	1	1	1	2	2	1	–	–

Frau Munner ist erstaunt, weil sich die Punkte in den beiden Kursen so unterschiedlich verteilen. Sie rechnet zunächst den Notendurchschnitt beider Kurse aus.

Der Notendurchschnitt eines Kurses ist das **arithmetische Mittel** der in diesem Kurs erzielten Punktzahlen.

Definition Das **arithmetische Mittel** von n Zahlenwerten a_1, a_2, a_3, ... a_n ist der Quotient aus der Summe aller Werte durch die Anzahl aller Werte und berechnet sich daher zu:

$$\frac{a_1 + a_2 + a_3 + ... + a_n}{n} = \frac{\text{Summe aller Einzelwerte}}{\text{Anzahl aller Einzelwerte}}$$

Für die beiden Kurse ergeben sich folgende Notendurchschnitte:

Klasse 11b

$$\frac{7+5+2+13+12+1+9+1+8+10+6+4+2+15+14+0+10+13+2+11+14+15+12+6+3}{25}$$

$$= \frac{195}{25} = 7,8$$

Klasse 11d

$$\frac{12+10+4+11+9+5+3+11+10+12+3+8+10+2+8+6+7+4+11+10}{20}$$

$$= \frac{156}{20} = 7,8$$

Die erzielten Punktzahlen der beiden Kurse haben also dasselbe arithmetische Mittel, d. h., der Notendurchschnitt ist in beiden Kursen trotz der so unterschiedlichen Punkteverteilung derselbe.

Hinweis: Die Berechnung über die Summe aller Einzelwerte ist sehr fehleranfällig, weil alle Werte der Verteilung einzeln aufsummiert werden müssen. Leichter ist es, das arithmetische Mittel mithilfe der absoluten Häufigkeiten zu berechnen. Im Zähler steht dann die Summe der Produkte aus dem Ergebnis und seiner absoluten Häufigkeit, im Nenner steht die Summe aller absoluten Häufigkeiten.

Für die beiden Kurse ergibt sich:

Klasse 11b

$$\frac{15\cdot2+14\cdot2+13\cdot2+12\cdot2+11\cdot1+10\cdot2+9\cdot1+8\cdot1+7\cdot1+6\cdot2+5\cdot1+4\cdot1+3\cdot1+2\cdot3+1\cdot2+0\cdot1}{2+2+2+2+1+2+1+1+1+2+1+1+1+3+2+1}$$

$$= \frac{195}{25} = 7,8$$

Klasse 11d

$$\frac{12\cdot2+11\cdot3+10\cdot4+9\cdot1+8\cdot2+7\cdot1+6\cdot1+5\cdot1+4\cdot2+3\cdot2+2\cdot1}{2+3+4+1+2+1+1+1+2+2+1}$$

$$= \frac{156}{20} = 7,8$$

42. Laura hat heute ihre Mathematikarbeit zurückbekommen. Bevor der Lehrer die korrigierten Arbeiten austeilte, schrieb er noch die Notenverteilung und den Durchschnitt an die Tafel.

1	2	3	4	5	6
2		5	13	6	1

Schnitt: 3,7

Als Lauras großer Bruder später die Notenverteilung auf Lauras Block sieht, fragt er, wie viele Mitschüler die Note 2 erhalten haben. Da merkt Laura, dass sie diesen Eintrag ganz vergessen hat. Aber schließlich behauptet ihr großer Bruder immer, dass er viel schlauer als sie sei.

„Soll er es doch selbst ausrechnen", denkt sie sich daher.

Zeigen auch Sie, dass Sie berechnen können, wie viele Schüler in Lauras Klasse die Note 2 erzielt haben.

6.2 Minimum, Maximum, Spannweite, Median und Quartil

Um die unterschiedliche Verteilung der Punktzahlen in den beiden Kursen grafisch darstellen zu können, muss Frau Munner weitere **statistische Kennwerte** ermitteln, die sich aus den beiden Notenlisten ergeben. Sie bestimmt das **Minimum**, das **Maximum**, die **Spannweite**, den **Median** und die **Quartile** der beiden Datenreihen (Notenlisten).

Für die Bestimmung der statistischen Kennwerte ist es von Vorteil, eine **geordnete Rangliste** zu erstellen, die Daten also der Größe nach zu ordnen.

Für das Beispiel mit den Notenlisten ergibt sich:

Klasse 11b

7	5	2	13	12	1	9	1	8	10	6	4	2
15	14	0	10	13	2	11	14	15	12	6	3	

als geordnete Rangliste:

0	1	1	2	2	2	3	4	5	6	6	7	8
9	10	10	11	12	12	13	13	14	14	15	15	

Klasse 11d

12	10	4	11	9	5	3	11	10	12	3	8	10
2	8	6	7	4	11	10						

als geordnete Rangliste:

2	3	3	4	4	5	6	7	8	8	9	10	10
10	10	11	11	11	12	12						

Direkt aus der geordneten Rangliste können das Minimum, das Maximum und die Spannweite abgelesen werden.

Definition
- Der kleinste in der Datenreihe auftretende Wert heißt **Minimum**, der größte **Maximum**.
- Die Differenz zwischen Maximum und Minimum nennt man **Spannweite**.

Für die beiden Kurse gilt:

Klasse 11b
Minimum = 0
Maximum = 15
Spannweite = Maximum − Minimum = 15 − 0 = 15

Klasse 11d
Minimum = 2
Maximum = 12
Spannweite = Maximum − Minimum = 12 − 2 = 10

Während das arithmetische Mittel empfindlich auf Ausreißer (sehr niedrige bzw. sehr hohe Werte) reagiert, gibt es einen statistischen Kennwert, der gegenüber Ausreißern unempfindlich ist.

Definition
Unter dem **Median** (oder **Zentralwert**) einer Datenreihe versteht man den Wert, der in der nach der Größe sortierten Liste in der Mitte steht.
- Umfasst die Datenreihe eine ungerade Anzahl von Werten, so steht in der Mitte genau ein Wert. Dieser ist der Median.
- Umfasst die Datenreihe eine gerade Anzahl von Werten, so muss der Median als Mittelwert aus den unmittelbar rechts bzw. links der Mitte stehenden Werten berechnet werden.

Klasse 11b

0	1	1	2	2	2	3	4	5	6	6	7	8
9	10	10	11	12	12	13	13	14	14	15	15	

Links und rechts von 8 befinden sich jeweils 12 Werte.

Median = 8

Klasse 11d

2	3	3	4	4	5	6	7	8	8	9	10	10
10	10	11	11	11	12	12						

Die Mitte der Datenreihe befindet sich zwischen 8 und 9, links und rechts der Mitte sind jeweils 10 Werte aufgelistet.

$$\text{Median} = \frac{8+9}{2} = 8,5$$

Um die Werte links und rechts des Medians deuten zu können, werden diese mithilfe der Quartile zu weiteren kleinen Datenblöcken zusammengefasst.

Definition

- Der Zentralwert der unteren Hälfte der geordneten Datenreihe heißt **1. Quartil** oder **unteres Quartil** oder **25-%-Quartil,** da die unteren 25 % der Datenwerte kleiner oder gleich diesem Kennwert sind.

- Der Zentralwert der oberen Hälfte der geordneten Datenreihe wird **3. Quartil** oder **oberes Quartil** oder **75-%-Quartil** genannt, da die unteren 75 % der Datenwerte kleiner oder gleich diesem Kennwert sind.
  Das bedeutet, dass die oberen 25 % der Datenwerte größer oder gleich diesem Kennwert sind.

- Unter dem **Interquartilsabstand** (kurz: IQR vom englischen „interquartile-range") versteht man die Differenz dieser beiden Quartile.
  Zwischen den beiden Quartilen befinden sich die mittleren 50 % der Datenwerte.

Klasse 11b

0	1	1	2	2	2	3	4	5	6	6	7	8
9	10	10	11	12	12	13	13	14	14	15	15	

$$1. \text{Quartil} = \frac{2+3}{2} = 2,5$$

3. Quartil $= \dfrac{12+13}{2} = 12,5$

$IQR = 12,5 - 2,5 = 10$

Klasse 11d

2	3	3	4	**4**	**5**	6	7	8	**8**	**9**	10	10
10	**10**	**11**	11	11	12	12						

1. Quartil $= \dfrac{4+5}{2} = 4,5$

3. Quartil $= \dfrac{10+11}{2} = 10,5$

$IQR = 10,5 - 4,5 = 6$

Bei **sehr großen Datenreihen** ist es ggf. zu umständlich, alle Werte der Größe nach aufzulisten. Kennt man die Tabelle der absoluten Häufigkeiten, so lassen sich auch daraus Minimum, Maximum, Median und die beiden Quartile bestimmen.

Beispiel

Die Mathematikarbeit aller 127 Schüler aus Klassenstufe 11 hat folgende Punkteverteilung:

Klassenstufe 11 gesamt

Punkte	0	1	2	3	4	5	6	7
Anzahl	4	6	9	12	9	11	6	10
Punkte	8	9	10	11	12	13	14	15
Anzahl	9	7	11	8	7	8	4	6

Bestimmen Sie Minimum, Maximum, Median und die beiden Quartile.

Lösung:
Minimum und Maximum
Minimum und Maximum lassen sich unmittelbar ablesen:
Minimum $= 0$ Punkte
Maximum $= 15$ Punkte

Median
In der nach der Größe sortierten Liste muss bei 127 Schülern der 64. Wert – es gibt je 63 Werte links und rechts davon – der Median sein.

Zum Auffinden des 64. Werts geht man wie folgt vor:

Addiert man die absoluten Häufigkeiten

$$H(0) + H(1) + H(2) + H(3) + H(4) + H(5) + H(6) = 4 + 6 + 9 + 12 + 9 + 11 + 6 = 57$$

und

$$H(0) + H(1) + H(2) + H(3) + H(4) + H(5) + H(6) + H(7) = 57 + 10 = 67,$$

so weiß man, dass der 57. Wert noch „6 Punkte" ist, der 58.–67. Wert dann „7 Punkte" lautet. Der 64. Wert ist somit „7 Punkte". Daher gilt:

Median = 7 Punkte

1. Quartil

Das 1. Quartil befindet sich an der Stelle des 32. Werts. In der unteren Hälfte befinden sich die ersten 63 Werte. Der 32. Wert hat 31 Werte links bis zum Minimum und 31 Werte rechts bis einschließlich dem Wert vor dem Median.

Zum Auffinden des 32. Werts geht man wie beim Median vor.

Addiert man die absoluten Häufigkeiten

$$H(0) + H(1) + H(2) + H(3) = 4 + 6 + 9 + 12 = 31$$

und

$$H(0) + H(1) + H(2) + H(3) + H(4) = 31 + 9 = 40,$$

so weiß man, dass der 31. Wert noch „3 Punkte" ist, der 32.–40. Wert dann „4 Punkte" lautet. Der 32. Wert ist somit „4 Punkte".

1. Quartil = 4 Punkte

3. Quartil

Das 3. Quartil befindet sich an der Stelle des 96. Werts. In der oberen Hälfte befinden sich 63 Werte beginnend mit dem 65. Wert der Gesamtliste. Der 96. Wert hat 31 Werte links bis zum Median und 31 Werte rechts bis zum Maximum.

Zum Auffinden des Werts geht man entsprechend wie oben vor.

Addiert man

$$H(0) + H(1) + H(2) + H(3) + H(4) + H(5) + H(6) + H(7) + H(8) + H(9) + H(10)$$
$$= 4 + 6 + 9 + 12 + 9 + 11 + 6 + 10 + 9 + 7 + 11$$
$$= 94$$

und

$$H(0) + H(1) + H(2) + H(3) + H(4) + H(5) + H(6) + H(7) + H(8) + H(9) + H(10)$$
$$+ H(11)$$
$$= 94 + 8$$
$$= 102,$$

so weiß man, dass der 94. Wert noch „10 Punkte", der 95.–102. Wert „11 Punkte" lautet. Der 96. Wert ist somit „11 Punkte".

oder:

Addiert man vom Maximum hinunter, also

$$H(15) + H(14) + H(13) + H(12) = 6 + 4 + 8 + 7 = 25$$

und

$$H(15) + H(14) + H(13) + H(12) + H(11) = 25 + 8 = 33,$$

so weiß man, dass der 103. Wert bereits „12 Punkte" ist, der 95. – 102. Wert „11 Punkte" lautet. Der 96. Wert ist somit „11 Punkte".

3. Quartil = 11 Punkte

6.3 Boxplot

In einem **Boxplot** werden alle eben eingeführten statistischen Kennwerte übersichtlich dargestellt. Ein Boxplot soll schnell einen Eindruck darüber vermitteln, in welchem Bereich die Daten liegen und wie sie sich über diesen Bereich verteilen.

Definition

Ein **Boxplot** stellt die Verteilung einer Datenreihe grafisch dar.

- Auf einer Zahlengeraden können **Minimum, Maximum, Median** und die beiden **Quartile** eingetragen werden.
- Oberhalb der Zahlengeraden wird ein Rechteck („**Box**") gezeichnet, dessen Länge durch die beiden Quartile vorgegeben und dessen Breite beliebig ist.
- Im Rechteck markiert ein senkrechter Strich den Median.
- Links und rechts der Box reichen die beiden „Antennen" („**Whisker**") bis zum Minimum bzw. Maximum.

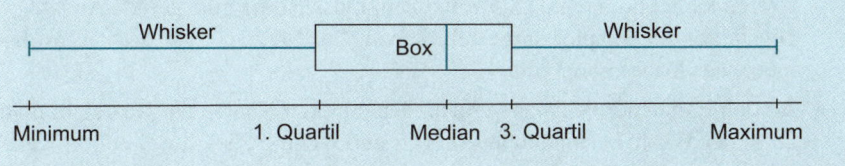

Boxplot für Klasse 11b

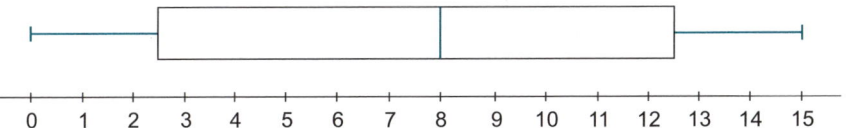

Boxplot für Klasse 11d

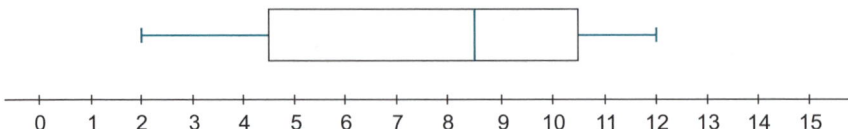

Ist nur ein Boxplot gegeben und kennt man die zugehörige Datenmenge nicht, kann man dennoch einige wichtige Informationen aus dem Boxplot herauslesen.

Beispiel

Romy hat folgenden Boxplot zur jähr-lichen Wurfgröße ihrer Katze Bell ge-zeichnet:

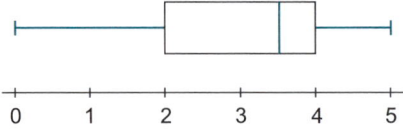

Lesen Sie so viele Informationen wie möglich aus dem Boxplot ab.

Lösung:

- An den Enden der Whiskers lassen sich Minimum und Maximum ablesen:
  Es gab mindestens ein Jahr, in dem Romys Katze keine Kätzchen bekom-men hat (Minimum = 0).
  In mindestens einem Jahr hat Bell 5 Kätzchen bekommen (Maximum = 5).

- An der Größe der Box und an der Box selbst kann man ablesen:
  Die Wurfgröße betrug in 50 % der Fälle zwischen 2 und 4 Kätzchen.
  Der Median liegt bei 3,5 Kätzchen. Da Bell entweder 3 oder 4 Kätzchen werfen kann und niemals 3,5 Kätzchen, muss Romy eine gerade Anzahl von Jahren im Boxplot dargestellt haben. Der Median ergab sich als arith-metisches Mittel von 3 und 4.

- An den Enden der Whiskers und an den äußeren Kanten der Box sieht man:
  25 % der Würfe bestanden aus 0 bis 2 und weitere 25 % aus 4 oder 5 Kätz-chen.

6.4 Modalwert

Bei großen Datenreihen wird auch der **Modalwert** angegeben.

Definition Unter dem **Modalwert** einer Datenreihe versteht man den Wert, der am häufigsten vorkommt.

Für die beiden Kurse gilt:

Klasse 11b
Modalwert = 2 Punkte (H(2) = 3)

Klasse 11d
Modalwert = 10 Punkte (H(10) = 4)

Für die gesamte Klassenstufe 11 ergibt sich Modalwert = 3 Punkte (H(3) = 12).

Soll nur der Modalwert ermittelt werden, so ist es nicht nötig, die Werte der Größe nach aufzulisten. Es genügt eine Tabelle der absoluten Häufigkeiten.

Beispiel Florian lebt mit seinen Eltern auf einem Bauernhof und hat zu seinem 5. Geburtstag ein Ferkel geschenkt bekommen. Er hat es Susi getauft und hegt und pflegt es liebevoll. Susi hat schon zwölfmal geworfen und Florian hat jedes Mal die Anzahl der Ferkel notiert.

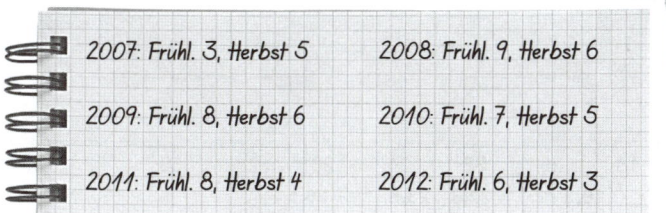

2007: Frühl. 3, Herbst 5   2008: Frühl. 9, Herbst 6

2009: Frühl. 8, Herbst 6   2010: Frühl. 7, Herbst 5

2011: Frühl. 8, Herbst 4   2012: Frühl. 6, Herbst 3

Bestimmen Sie den Modalwert der Wurfgröße.

Lösung:
Die Tabelle der absoluten Häufigkeiten lautet:

Wurfgröße	3	4	5	6	7	8	9
Anzahl der Würfe	2	1	2	3	1	2	1

Modalwert = 6 Ferkel (H(6) = 3)

Aufgaben **43.** In einer Klinik werden innerhalb einer Woche Babys mit folgendem Geburtsgewicht in Gramm (auf 100 Gramm gerundet) geboren:

3 500   3 600   3 500   3 600   3 300

3 400   3 500   3 500   3 500   3 400

3 600   3 600   3 100   3 400   3 700

3 400   3 500   3 400   3 600   3 500

3 700   3 400   3 500   3 700   3 300

3 200   3 200   3 100   3 600   3 700

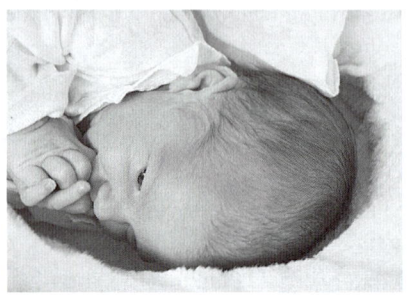

a) Bestimmen Sie Minimum, Maximum, Median und die beiden Quartile.

b) Fertigen Sie einen Boxplot an.

44. Für die Tageshöchsttemperaturen (in °C) im August 2012 ergeben sich aus
den Werten des Deutschen Wetterdienstes die folgenden Boxplots:

 München

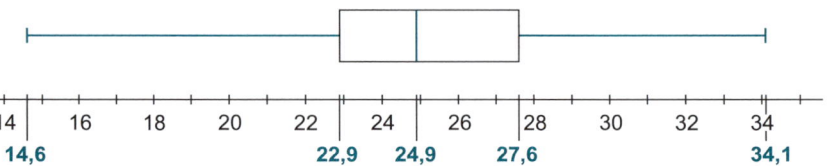

Berlin

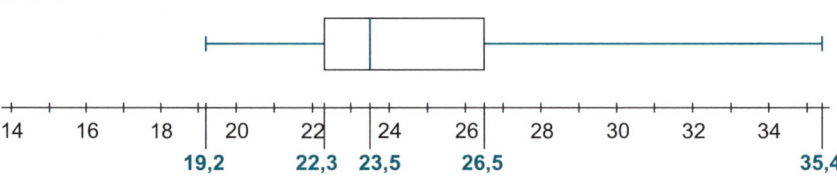

a) Bestimmen Sie die jeweils niedrigste Höchsttemperatur im August 2012.

b) Lesen Sie ab, in welchem Temperaturbereich die 25 % wärmsten Tage in
der jeweiligen Stadt lagen.

c) Wählen Sie die Stadt mit der größeren Spannweite aus und berechnen Sie
diese Spannweite.

d) Der Median liegt bei Berlin innerhalb der Box links von der Mitte.
Interpretieren Sie dies.

45. Im Archiv des Deutschen Wetterdienstes finden sich für die Sonnenscheindauer (in Stunden) im August 2012 in München und Berlin die folgenden
Zahlen:

Datum	1.	2.	3.	4.	5.	6.	7.	8.
München	14,2	12,5	5,5	7,4	8,4	6,6	11,7	7,8
Berlin	13,4	9,2	4,2	11,7	3,7	3,7	8,3	4,3

Datum	9.	10.	11.	12.	13.	14.	15.	16.
München	12,1	8,6	8,0	13,6	13,4	12,8	9,9	1,3
Berlin	5,4	2,6	5,5	10,2	9,7	11,5	12,2	4,7

Datum	17.	18.	19.	20.	21.	22.	23.	24.
München	9,6	13,2	13,4	12,9	11,9	8,8	7,7	1,4
Berlin	10,4	11,7	12,5	8,2	7,0	9,1	11,9	0,4

Datum	25.	26.	27.	28.	29.	30.	31.
München	3,7	5,5	12,5	10,3	11,7	2,7	0,0
Berlin	5,6	6,2	8,2	6,7	10,5	1,9	0,0

a) Berechnen Sie die mittlere Sonnenscheindauer im August 2012 in München bzw. Berlin.

b) Bestimmen Sie für jede Stadt Minimum, Maximum, Median und die beiden Quartile der Sonnenscheindauer im August 2012.

c) Fertigen Sie für München und Berlin je einen Boxplot an.

46. Ein Jahr nach der Einführung des neuen Getränks „LOCAfit" wird eine Umfrage in der Münchner Innenstadt gemacht, bei der 1000 Passanten angeben sollen, wie oft sie „LOCAfit" im letzten Jahr getrunken haben. Da sich kaum jemand an eine exakte Zahl erinnern kann, sind „glatte" Zahlen als mögliche Antworten vorgegeben.

Die Tabelle zeigt die absoluten Häufigkeiten:

Antwort	nie	5-mal	10-mal	20-mal
Anzahl	133	89	62	216

Antwort	50-mal	100-mal	200-mal	300-mal
Anzahl	185	134	96	85

a) Bestimmen Sie Minimum, Maximum, Median, 1. Quartil und 3. Quartil.

b) Geben Sie den Modalwert an.

c) Fertigen Sie einen Boxplot an.

d) Der Hersteller will eine weitere Werbekampagne starten, wenn mehr als 30 % der Befragten „LOCAfit" weniger als 10-mal getrunken haben. Berechnen Sie, ob diese Werbekampagne erfolgt.

e) Lässt sich das Ergebnis von Teilaufgabe d auch aus dem Boxplot herauslesen? Falls ja, zeigen Sie, wie.

7 Wahrscheinlichkeit

Wahrscheinlich bekomme ich in der nächsten Englisch-Arbeit auch wieder nichts besseres als eine 3.

Wahrscheinlich kann ich noch einen Abiturschnitt mit einer 1 vor dem Komma schaffen.

Wahrscheinlich kocht Mama morgen Nudeln.

Wahrscheinlich komme ich morgen nicht mit ins Kino.

Alle diese Aussagen beziehen sich auf die Zukunft. Sie werden aber nur getroffen, weil derjenige, der sie äußert, bezüglich seiner Aussage Wissen aus der Vergangenheit hat:

- Steffi hat schon seit der 5. Klasse nicht besonders viel für Englisch über, hält sich aber immer „über Wasser".
- Ihre Mutter kocht oft Nudeln, da ihre kleinen Brüder fast nichts anderes essen wollen. Daher geht sie davon aus, dass es morgen wieder welche geben wird.
- Oliver hat all seine Noten im Kopf und rechnet immer wieder nach, wie er steht, und setzt dabei voraus, dass er bei diesen Noten bleibt oder sogar noch besser wird.
- Zudem weiß er von sich, dass er das Genre des morgigen Films nicht besonders mag, aber auch nicht völlig ablehnt.

So ähnlich geht es auch Anna. Sie hält ein Tetraeder in der Hand, das auf seinen vier Seiten mit 1, 2, 3 und 4 beschriftet ist. Da alle Seitenflächen des Tetraeders gleich sind, weiß Anna „aus Erfahrung" bzw. aus Symmetriegründen, dass bei einem Wurf jede Seitenfläche die gleiche **Chance** hat, dass das Tetraeder auf ihr zu liegen kommt. Anna geht daher bei einem Spiel mit dem Tetraeder davon aus, dass für die **relativen Häufigkeiten** – wenn man nur oft genug spielt – gilt:

$h(1) = h(2) = h(3) = h(4) = 0,25 = 25\%$

Soll Anna aber für die abgebildete unsymmetrische Pyramide (Grundfläche 1; rechte Fläche 3; vordere Fläche 2; hintere, verdeckte Fläche 4) angeben, welche Chancen die einzelnen Zahlen beim Würfeln mit der Pyramide haben, so muss sie sich die „Erfahrung" erst erarbeiten.

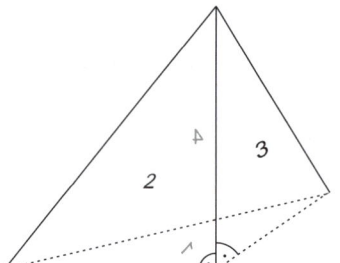

Die folgende Tabelle mit den Notierungen von je 50 Würfen pro Zeile zeigt Annas Würfelergebnisse:

32143	41343	32431	13342	23414	12324	34424	32114	42312	14323
13242	34241	43424	23424	42134	42341	12432	24421	42324	21344
34424	32114	42331	14324	13442	32341	13321	34123	42131	42324
43321	12432	21321	12434	21314	32143	41343	32434	13342	23434
42134	14342	23434	43421	12434	22341	42434	21344	34243	42343
32441	24341	34124	42234	42321	34424	32124	42334	14243	13442
12432	24321	12423	21312	13442	32441	23411	21423	12432	42321
13442	23424	12324	34124	32414	41432	14324	32143	41343	42431

Anna zählt die absoluten Häufigkeiten nach 50 (erste Zeile), 100 (ersten beiden Zeilen), 200 (ersten vier Zeilen), 300 (ersten sechs Zeilen) und 400 Würfen (alle Zeilen) und berechnet daraus die entsprechenden relativen Häufigkeiten.

Ergebnis	1	2	3	4
absolute Häufigkeit nach 50 Würfen	10	11	15	14
absolute Häufigkeit nach 100 Würfen	17	26	24	33
absolute Häufigkeit nach 200 Würfen	38	48	54	60
absolute Häufigkeit nach 300 Würfen	51	72	78	99
absolute Häufigkeit nach 400 Würfen	72	100	100	128

Ergebnis	1	2	3	4
relative Häufigkeit nach 50 Würfen	20 %	22 %	30 %	28 %
relative Häufigkeit nach 100 Würfen	17 %	26 %	24 %	33 %
relative Häufigkeit nach 200 Würfen	19 %	24 %	27 %	30 %
relative Häufigkeit nach 300 Würfen	17 %	24 %	26 %	33 %
relative Häufigkeit nach 400 Würfen	18 %	25 %	25 %	32 %

Anna veranschaulicht die Entwicklung dieser relativen Häufigkeiten in einem Liniendiagramm. Daraus entnimmt sie, dass sich h(1) dem Wert 18 %, h(2) und h(3) dem Wert 25 % und h(4) dem Wert 32 % annähern.

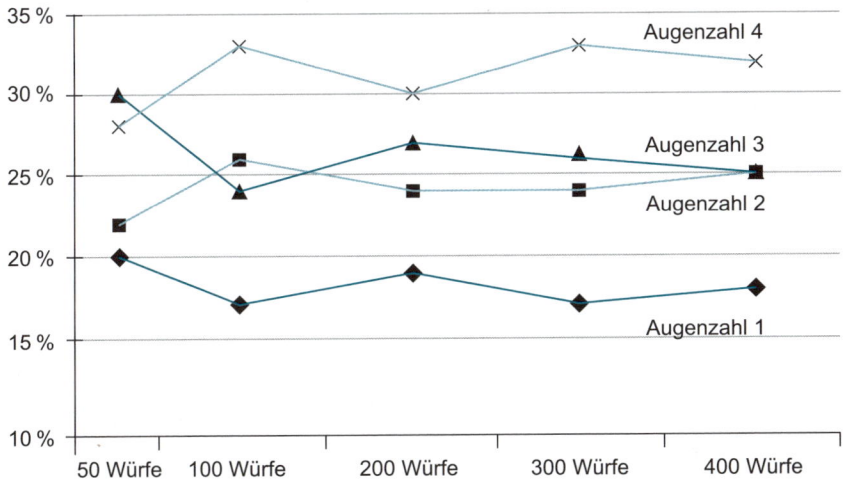

Anna findet, 400 Wiederholungen des Wurfs mit der Pyramide sind genug, und geht aufgrund dieser „Erfahrung" beim Spiel mit der Pyramide davon aus, dass für die relativen Häufigkeiten gilt:

h(1) = 18 %
h(2) = h(3) = 25 %
h(4) = 32 %

Annas Freundin Diana ist noch nicht zufrieden und will lieber noch weiter mit der Pyramide würfeln. Sie erhält so auch noch Werte für 600, 800, 1 000 und

1 200 Würfe, berechnet die relativen Häufigkeiten und veranschaulicht diese ebenfalls in einem Liniendiagramm.

Ergebnis	1	2	3	4
relative Häufigkeit nach 50 Würfen	20 %	22 %	30 %	28 %
relative Häufigkeit nach 100 Würfen	17 %	26 %	24 %	33 %
relative Häufigkeit nach 200 Würfen	19 %	24 %	27 %	30 %
relative Häufigkeit nach 300 Würfen	17 %	24 %	26 %	33 %
relative Häufigkeit nach 400 Würfen	18 %	25 %	25 %	32 %
relative Häufigkeit nach 600 Würfen	17 %	26 %	26 %	31 %
relative Häufigkeit nach 800 Würfen	17 %	26 %	27 %	30 %
relative Häufigkeit nach 1 000 Würfen	16 %	27 %	26 %	31 %
relative Häufigkeit nach 1 200 Würfen	17 %	26 %	26 %	31 %

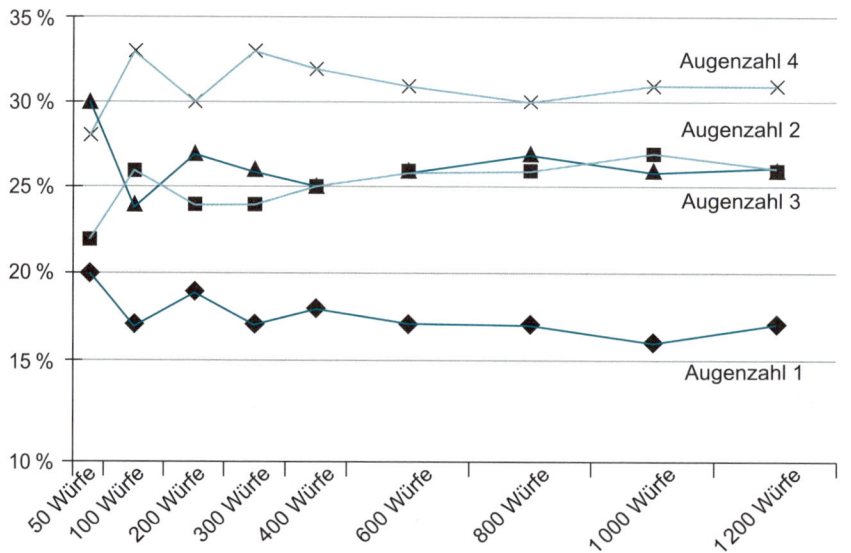

Diana geht beim Spiel mit der Pyramide somit davon aus, dass aufgrund der zusätzlichen Würfe sich für die relativen Häufigkeiten noch besser als bei Anna die folgenden Werte eignen:

$h(1) = 17\,\%$

$h(2) = h(3) = 26\,\%$

$h(4) = 31\,\%$

Definition

> Wird ein beliebiges Zufallsexperiment n-mal durchgeführt, so stabilisiert sich die relative Häufigkeit eines Ergebnisses h(ω) für immer größer werdendes n um einen festen Wert. Man nennt dies das **Gesetz der großen Zahlen**.

Bei dieser Stabilisierung um einen festen Wert handelt es sich um keine „beständige", sondern um eine „sprunghafte" Annäherung. Denn auch wenn Anna nach 400 Würfen „ihre" relativen Häufigkeiten erreicht hat, verschiebt schon der nächste Wurf alles wieder.

Würfelt Anna beim 401. Wurf eine 2, so ergibt sich folgende Verteilung:

	1	2	3	4
nach 400 Würfen	$\frac{72}{400} = 0,18$	$\frac{100}{400} = 0,25$	$\frac{100}{400} = 0,25$	$\frac{128}{400} = 0,32$
nach 401 Würfen	$\frac{72}{401} = 0,1795$	$\frac{101}{401} = 0,2519$	$\frac{100}{401} = 0,2494$	$\frac{128}{401} = 0,3192$

Die Veränderung liegt also bei $-0,0005$ bzw. $+0,0019$ bzw. $-0,0006$ bzw. $-0,0008$.

Erzielt Diana beim 1 201. Wurf eine 2, so ergibt sich als Verteilung:

	1	2	3	4
nach 1 200 Würfen	$\frac{204}{1\,200} = 0,17$	$\frac{312}{1\,200} = 0,26$	$\frac{312}{1\,200} = 0,26$	$\frac{372}{1\,200} = 0,31$
nach 1 201 Würfen	$\frac{204}{1\,201} = 0,1699$	$\frac{313}{1\,201} = 0,2606$	$\frac{312}{1\,201} = 0,2598$	$\frac{372}{1\,201} = 0,3097$

Die Veränderung liegt also bei $-0,0001$ bzw. $+0,0006$ bzw. $-0,0002$ bzw. $-0,0003$ und ist somit geringer als nach nur 400 Würfen.

Definition

> Stabilisiert sich die **relative Häufigkeit h(ω)** für **beliebig viele Wiederholungen** des Zufallsexperiments um den Wert a, so bezeichnet man diesen Wert a als die **Wahrscheinlichkeit** dieses Ergebnisses und schreibt **a = P(ω)**.

Anna übernimmt Dianas „Erfahrungen" und so können die beiden nun für das Würfeln mit einem Tetraeder und für das Würfeln mit der obigen Pyramide die **Tabelle der Wahrscheinlichkeiten** aufstellen:

Ergebnis	1	2	3	4
Tetraeder	25 %	25 %	25 %	25 %
Pyramide	17 %	26 %	26 %	31 %

Diese Wahrscheinlichkeiten beziehen sich auf zukünftige Ergebnisse des jeweiligen Zufallsexperiments, sind aber nur sinnvoll, weil sie auf Beobachtungen beruhen, die bei einer sehr großen Zahl von Durchführungen desselben Zufallsexperiments zuvor gemacht wurden.

Gibt man für ein Zufallsexperiment an, welche Wahrscheinlichkeit die einzelnen Ergebnisse haben, so lässt sich daraus dennoch nicht schließen, welches Ergebnis als Nächstes tatsächlich erzielt wird.

Da sich die relative Häufigkeit eines Ereignisses aus den relativen Häufigkeiten der zugehörigen Ergebnisse berechnen lässt,

$$h(E) = h(\omega_1) + h(\omega_2) + h(\omega_3) + \ldots + h(\omega_r) \quad \text{(siehe Kapitel 4)},$$

gilt entsprechend für die Wahrscheinlichkeit eines Ereignisses:

Regel

$$P(E) = P(\omega_1) + P(\omega_2) + P(\omega_3) + \ldots + P(\omega_r) \qquad \text{mit } E = \{\omega_1;\, \omega_2;\, \omega_3;\, \ldots\,;\, \omega_r\}$$

Ebenso können die Erkenntnisse über die relative Häufigkeit $h(E)$ aus Kapitel 4 auf die Wahrscheinlichkeit $P(E)$ übertragen werden. Somit ergibt sich:

Regel

- $0 \leq h(E) \leq 1$ $\Rightarrow$ $0 \leq P(E) \leq 1$

- $h(\{\ \}) = 0$ $\Rightarrow$ $P(\{\ \}) = 0$

- $h(\Omega) = 1$ $\Rightarrow$ $P(\Omega) = 1$

  Die Summe der Wahrscheinlichkeiten aller Ergebnisse des Experiments muss 1 ergeben.

- $h(\overline{E}) = 1 - h(E)$ $\Rightarrow$ $P(\overline{E}) = 1 - P(E)$

- Additionssatz: $\Rightarrow$ Additionssatz:
  $h(E_1 \cup E_2)$ $\quad$ $P(E_1 \cup E_2)$
  $= h(E_1) + h(E_2) - h(E_1 \cap E_2)$ $\quad$ $= P(E_1) + P(E_2) - P(E_1 \cap E_2)$

Anna und Diana können damit aus der Tabelle der Wahrscheinlichkeiten, die die **Wahrscheinlichkeitsverteilung** angibt, die Wahrscheinlichkeiten für Ereignisse berechnen.

Beispiele

1. Gegeben ist die Wahrscheinlichkeitsverteilung:

Ergebnis	1	2	3	4
Pyramide	17 %	26 %	26 %	31 %

Anna will die Wahrscheinlichkeit berechnen, mit der Pyramide

a) eine ungerade Zahl zu würfeln.

b) eine Primzahl zu würfeln.

c) keine 1 zu würfeln.

d) eine ungerade Zahl oder eine Primzahl zu würfeln.

e) entweder eine ungerade oder eine Primzahl zu würfeln.

Lösung:

a) $P(\text{ungerade Zahl}) = P(\{1; 3\}) = P(1) + P(3) = 17\,\% + 26\,\% = 43\,\%$

b) $P(\text{Primzahl}) = P(\{2; 3\}) = P(2) + P(3) = 26\,\% + 26\,\% = 52\,\%$

c) $P(\text{keine 1}) = P(\overline{1}) = 1 - P(1) = 1 - 17\,\% = 83\,\%$

oder:

$P(\text{keine 1}) = P(\{2; 3; 4\}) = P(2) + P(3) + P(4)$
$= 26\,\% + 26\,\% + 31\,\% = 83\,\%$

d) Die Zahl kann ungerade oder eine Primzahl oder beides sein.

P(ungerade Zahl oder Primzahl)
$= P(\{1; 2; 3\}) = P(1) + P(2) + P(3) = 17\,\% + 26\,\% + 26\,\% = 69\,\%$

oder:

P(ungerade Zahl oder Primzahl)
$= P(\text{ungerade Zahl} \cup \text{Primzahl})$
$= P(\text{ungerade Zahl}) + P(\text{Primzahl}) - P(\text{ungerade Zahl} \cap \text{Primzahl})$
$= 43\,\% + 52\,\% - P(3) = 43\,\% + 52\,\% - 26\,\% = 69\,\%$

e) Die 3 erfüllt beide Eigenschaften und gehört daher nicht dazu.

P(entweder ungerade oder Primzahl)
$= P(\{1; 2\}) = P(1) + P(2) = 17\,\% + 26\,\% = 43\,\%$

2. Stellen Sie die Wahrscheinlichkeitsverteilung der Pyramide aus Beispiel 1 als Säulen- und als Kreisdiagramm dar.

Lösung:
Während die Höhe der Säulen durch die Wahrscheinlichkeitsverteilung direkt gegeben ist, müssen die Mittelpunktswinkel des Kreisdiagramms zuerst berechnet werden, ehe man das Kreisdiagramm zeichnen kann.

1: $0,17 \cdot 360° = 61,2°$

2: $0,26 \cdot 360° = 93,6°$

3: $0,26 \cdot 360° = 93,6°$

4: $0,31 \cdot 360° = 111,6°$

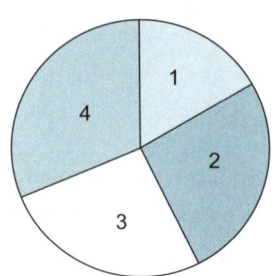

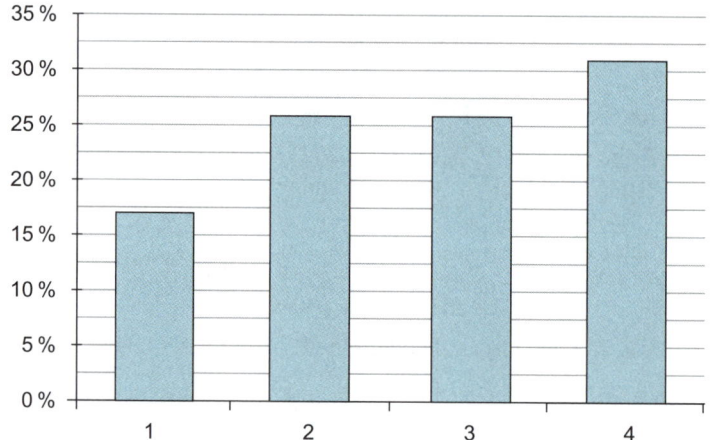

3. Eine vierseitige unsymmetrische Pyramide besitzt auf ihren fünf Seitenflächen die Markierungen 1, 2, 3, rot, blau.
Peter hat die Pyramide 600-mal geworfen und ist dadurch zu folgenden Wahrscheinlichkeiten gekommen:

$P(1) = \frac{1}{6}$, $P(2) = \frac{1}{4}$, $P(3) = \frac{1}{6}$, $P(rot) = \frac{2}{3}$, $P(blau) = \frac{1}{12}$

   a) Anna behauptet, Peter muss sich irgendwo verzählt oder verrechnet haben.
   Wie kommt Anna zu dieser Behauptung?

   b) Verändern Sie P(rot) entsprechend.

   c) Berechnen Sie mit geändertem P(rot) die Wahrscheinlichkeiten folgender Ereignisse:
   E_1: „Die Pyramide liegt auf einer Zahl.“
   E_2: „Die Pyramide liegt auf der 2 oder einer Farbe.“
   E_3: „Die Pyramide liegt weder auf 2 noch auf einer Farbe.“

Lösung:

a) Wegen $P(\Omega) = 1$ muss die Summe der Wahrscheinlichkeiten 1 ergeben.

$$P(1) + P(2) + P(3) + P(\text{rot}) + P(\text{blau}) = \frac{1}{6} + \frac{1}{4} + \frac{1}{6} + \frac{2}{3} + \frac{1}{12} = \frac{4}{3} > 1$$

Somit kann Peters Wahrscheinlichkeitsverteilung nicht richtig sein.

b) Damit die Summe aller Wahrscheinlichkeiten 1 ergibt, muss
$P(\text{rot}) = \frac{1}{3}$ gelten.

c) $P(E_1) = P(\{1; 2; 3\}) = P(1) + P(2) + P(3) = \frac{1}{6} + \frac{1}{4} + \frac{1}{6} = \frac{7}{12} \approx 58\,\%$

$P(E_2) = P(\{2; \text{rot}; \text{blau}\}) = P(2) + P(\text{rot}) + P(\text{blau}) = \frac{1}{4} + \frac{1}{3} + \frac{1}{12} = \frac{2}{3} \approx 67\,\%$

$P(E_3) = P(\{1; 3\}) = P(1) + P(3) = \frac{1}{6} + \frac{1}{6} = \frac{1}{3} \approx 33\,\%$

oder

$P(E_3) = 1 - P(2 \text{ oder Farbe}) = 1 - \frac{2}{3} = \frac{1}{3} \approx 33\,\%$

Zusammengefasst ergibt sich:

Regel

- Wenn man ein Zufallsexperiment beliebig (sehr) oft durchführt, so **stabilisiert** sich die relative Häufigkeit $h(\omega)$ eines Ergebnisses ω um einen bestimmten Wert a. Diesen Wert a nennt man **Wahrscheinlichkeit $P(\omega)$** des Ergebnisses ω.
- Stellt man die Wahrscheinlichkeiten aller Ergebnisse eines Zufallsexperiments in einer Tabelle dar, so ergibt sich die **Wahrscheinlichkeitsverteilung** dieses Zufallsexperiments. Die **Summe der Wahrscheinlichkeiten aller Ergebnisse** muss stets **1** ergeben.
- Die **Eigenschaften der relativen Häufigkeit** für ein Ergebnis oder ein Ereignis lassen sich **auf die Wahrscheinlichkeit** eines Ergebnisses oder Ereignisses **übertragen**.

Aufgaben **47.** Überprüfen Sie, ob es sich in den folgenden Fällen um Wahrscheinlichkeitsverteilungen handelt. Begründen Sie Ihre Antwort.

a) $\Omega = \{1; 2; 3\}$; $P(1) = 0{,}4$; $P(2) = -0{,}2$; $P(3) = \frac{4}{5}$

b) $\Omega = \{A; B; C\}$; $P(A) = \frac{1}{3}$; $P(B) = \frac{2}{5}$; $P(C) = \frac{3}{7}$

c) $\Omega = \{r; b; g\}$; $P(r) = \frac{2}{3}$; $P(b) = \frac{1}{4}$; $P(g) = \frac{1}{12}$

48. Lorenz hat das abgebildete Glücksrad
gebastelt und dreht es sehr oft hinter-
einander.
Geben Sie an, ob Sie die 1 oder eine
Primzahl öfter erwarten.
Begründen Sie Ihre Antwort.

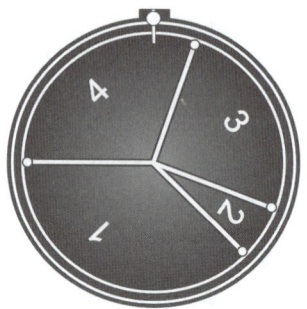

49. Bei einem Zufallsexperiment gilt $\Omega = \{1; 2; 3; 4; 5\}$.
Geben Sie die Wahrscheinlichkeitsverteilung an, wenn

    a) alle Ergebnisse dieselbe Wahrscheinlichkeit besitzen.

    b) $P(1) = 0{,}4$ gilt und die restlichen Ergebnisse gleich wahrscheinlich sind.

    c) 1 und 2 sowie 3, 4 und 5 jeweils gleich wahrscheinlich sind und 5 doppelt
       so wahrscheinlich ist wie 1.

    d) $P(1) : P(2) : P(3) : P(4) : P(5) = 1 : 2 : 4 : 2 : 1$ gilt.

50. Bei einem Zufallsexperiment gilt $\Omega = \{a; b; c; d\}$ sowie $P(\{a; b\}) = 0{,}4$ und
$P(\{b; d\}) = 0{,}5$ und $P(\{b; c; d\}) = 0{,}9$.
Berechnen Sie die Wahrscheinlichkeiten der einzelnen Ergebnisse und zeichnen Sie ein Balkendiagramm.

51. Anne, Boris, Claudia, Dennis und
Emil nehmen an einem Geschicklich-
keitswettbewerb im Hochseilgarten
teil. Die Chancen der Jungen und die
Chancen der Mädchen sind jeweils
gleich groß. Die Chancen eines Mäd-
chens sind doppelt so hoch wie die
eines Jungen.
Berechnen Sie die Wahrscheinlichkeit, dass

    a) Claudia gewinnt.

    b) Dennis gewinnt.

    c) ein Mädchen gewinnt.

52. In einer Schüssel befinden sich Kugeln. Jede fünfte Kugel ist weiß, von den übrigen Kugeln sind 30 % blau und 20 % gelb. Die restlichen 120 Kugeln sind rot.

a) Berechnen Sie die Wahrscheinlichkeiten der einzelnen Farben.

b) Wie viele Kugeln sind in der Schüssel?

53. Andi, Brian, Christian und Dominik bestreiten die Endrunde eines Schwimm-wettkampfs. Die Siegeschancen von Andi und Christian sind gleich groß, und zwar doppelt so hoch wie die von Brian und dreimal so hoch wie die von Do-minik.
Berechnen Sie die einzelnen Gewinnwahrscheinlichkeiten.

54. Ein sechsseitiger Würfel ist so beschwert, dass die Wahrscheinlichkeit für jede Augenzahl proportional zu dieser ist.

a) Berechnen Sie die Wahrscheinlichkeitsverteilung.

b) Mit welcher Wahrscheinlichkeit ist die erzielte Augenzahl
   - gerade?
   - prim?
   - gerade oder prim?
   - entweder gerade oder prim?

55. A und B sind zwei Ereignisse eines Zufallsexperiments, für die gilt:

$P(A \cup B) = \frac{3}{4}$, $P(\overline{B}) = \frac{1}{3}$, $P(A \cap B) = \frac{1}{12}$

Berechnen Sie:

a) $P(B)$ und $P(A)$

b) $P(A \backslash B)$

c) $P(\overline{A} \cap B)$

56. A und B sind zwei Ereignisse eines Zufallsexperiments, für die gilt:

$P(A) = \frac{3}{8}$, $P(A \backslash B) = \frac{1}{4}$, $P(A \cup B) = \frac{3}{4}$

Berechnen Sie:

a) P(sowohl A als auch B)

b) P(B, aber nicht A)

c) P(entweder A oder B)

d) P(weder A noch B)

8 Laplace-Wahrscheinlichkeit

Schon vor Tausenden von Jahren benutzten die
Menschen Sprunggelenksknöchelchen von
Schafen (sogenannte Astragali, siehe Foto)
oder auch die heute noch verwendeten Würfel
und Tetraeder, um als Orakel die Zukunft vor-
herzusehen oder im Glücksspiel zu gewinnen.
Dennoch ist die Wahrscheinlichkeitsrechnung
eine noch junge Wissenschaft. Das mag daran
liegen, dass lange Zeit die Meinung bestand,

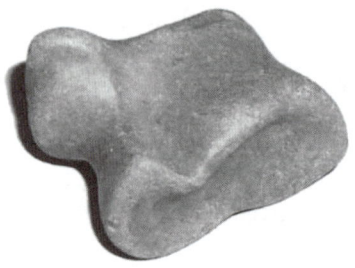

dass in Mathematik nur gilt, was sich durch reine Logik – nicht mithilfe von Experimenten – erschließen lässt, aber auch daran, dass Wissenschaft oft in Klöstern
vorangetrieben wurde, Glücksspiele aber „des Teufels" und damit geächtet waren.

Das erste bekannte Werk zur Wahrscheinlichkeitsrechnung ist das 1524 entstan-
dene „liber de ludo aleae" (Buch vom Würfelspiel) von Gerolamo Cardano.
Ein Briefwechsel zwischen Blaise Pascal und Pierre de Fermat aus dem Jahr 1654,
in dem es um Glücksspiele und eine gerechte Gewinnverteilung geht, entfachte
eine intensive Diskussion und so veröffentlichte 1657 Christiaan Huygens sein
Buch „de rationiciis in aleae ludo" (Schlussfolgerungen im Würfelspiel).

Blaise Pascal
*1623, †1662

Jakob Bernoulli
*1655, †1705

Pierre-Simon Laplace
*1749, †1827

In den darauffolgenden Jahrzehnten trieben vor allem Jakob Bernoulli und Abra-
ham de Moivre die Wahrscheinlichkeitsrechnung voran, bis 1812 das Werk „théo-
rie analytique des probabilités" (Mathematische Wahrscheinlichkeitstheorie) des
Namensgebers dieses Kapitels **Pierre-Simon Laplace** erschien. Er geht von der
Gleichwahrscheinlichkeit aller Ergebnisse aus, da dies eine Grundvorausset-
zung für ein ehrliches Spiel ist.

Anna hält ein Tetraeder in der Hand (vgl. Kapitel 7) und weiß „aus Erfahrung"
bzw. aus Symmetriegründen, dass nach einem Wurf jede Seitenfläche die **gleiche
Chance** hat, dass das Tetraeder auf ihr zu liegen kommt.
So geht es Anna nicht nur bei einem Tetraeder, sondern auch bei einer Münze,
einem Würfel, einem Oktaeder, einem Dekaeder, einem Dodekaeder oder bei in
gleich große Sektoren eingeteilten Glücksrädern.

$\Omega = \{\text{Kopf}; \text{Zahl}\}$

$\Omega = \{1; 2; 3; 4\}$

$\Omega = \{1; 2; 3; 4; 5; 6\}$

$\Omega = \{1; 2; 3; 4; 5; 6; 7; 8\}$

$\Omega = \{1; 2; 3; 4; 5; 6; 7; 8; 9; 10\}$

$\Omega = \{1; 2; 3; 4; 5; 6; 7; 8; 9; 10; 11; 12\}$

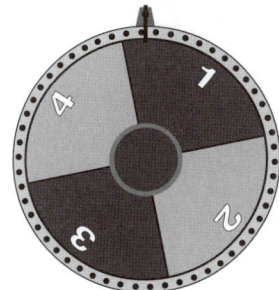

$\Omega = \{1; 2; 3; 4\}$

$\Omega = \{1; 2; 3; 4; 5; 6; 7; 8; 9; 10\}$

$\Omega = \{1; 2; 3; 4; 5; 6; 7; 8; 9; 10; 11; 12; 13; 14; 15; 16\}$

Bei diesen Spielgeräten sowie bei Spielgeräten, die in ähnlicher Weise aufgebaut sind, kann man davon ausgehen, dass aufgrund der Symmetrie jede Seitenfläche bzw. jeder Sektor mit gleicher Chance geworfen bzw. gedreht wird. Dabei wird immer vorausgesetzt, dass das Spielgerät nicht gezinkt worden ist, also nichts an ihm durch absichtliche, aber möglichst unsichtbare Manipulationen zugunsten einer Seitenfläche oder eines Sektors verändert worden ist.

Definition

- Darf man bei einem Zufallsexperiment annehmen, dass alle Ergebnisse aus Ω die **gleiche Chance** besitzen, so sagt man: „Die **Laplace-Annahme** ist erfüllt."

- Man nennt das Zufallsexperiment ein **Laplace-Experiment** und spricht von einem Laplace-Tetraeder, einem Laplace-Würfel, einem Laplace-Dodekaeder usw.

In Kapitel 1 wurde darauf hingewiesen, dass zu einem Zufallsexperiment unterschiedliche Ergebnismengen angegeben werden können. Beim Wurf eines Tetraeders sind z. B. die Ergebnismengen $\Omega_1 = \{1; 2; 3; 4\}$ oder $\Omega_2 = \{1;$ nicht $1\}$ möglich. **Nur Ω_1** erfüllt jedoch die Laplace-Annahme. Denn „nicht 1" umfasst die drei gleich wahrscheinlichen Ergebnisse 2, 3 und 4 und tritt somit mit höherer Chance ein als „1".
Beim Wurf eines Laplace-Würfels erfüllen z. B. $\Omega_1 = \{1; 2; 3; 4; 5; 6\}$ **und** $\Omega_2 = \{$gerade; ungerade$\}$ die Laplace-Annahme. Bei Ω_2 geht man aber von der feineren Ergebnismenge Ω_1 aus. Denn man überprüft ja, wie viele Ergebnisse des Zufallsexperiments zu „gerade" bzw. „ungerade" gehören. Es sind jeweils drei. Bei jedem Zufallsexperiment müssen Sie überlegen, von welcher Ergebnismenge Sie ausgehen und ob diese wirklich die Laplace-Annahme erfüllt.

Beispiele

1. Entscheiden Sie, ob es sich um ein Laplace-Experiment handelt:

Lösung:

- Schwimmwettkampf:
  Nein, es handelt sich nicht um ein Laplace-Experiment, da nicht alle Schüler einer Klasse gleich schnell schwimmen können.
- Zahl auf Lottoschein:
  Ja, es handelt sich um ein Laplace-Experiment, wenn der Tippgeber keine speziellen Zahlen favorisiert, sondern zufällig ankreuzt. Auf dem Lottoschein befinden sich die Zahlen von 1 bis 49. Jede dieser Zahlen hat dann, wenn der Lottoschein noch leer ist, also noch keine Zahl gewählt wurde, dieselbe Chance, angekreuzt zu werden.
- Karte aus Skatspiel:
  Ja, es handelt sich um ein Laplace-Experiment. Ein Skatspiel besteht aus je 8 Karten in den Farben Herz, Karo, Kreuz und Pik. In jeder Farbe gibt es die Werte 7, 8, 9, 10, Bube, Dame, König, As. Jede der 32 Karten hat dieselbe Chance, gezogen zu werden.
- Werfen einer Streichholzschachtel:
  Nein, es handelt sich nicht um ein Laplace-Experiment, da die Streichholzschachtel quaderförmig ist und somit durch die Lage des Schwerpunkts öfter auf einer der beiden größten Seitenflächen zu liegen kommt.
- Wahl eines Buchstabens aus „Lottoschein“:
  Nein, es handelt sich nicht um ein Laplace-Experiment, da die Buchstaben o und t je zweimal, alle anderen jedoch nur einmal auftreten.

2. Entscheiden Sie, ob für Ω die Laplace-Annahme erfüllt ist.

   a) Werfen des Laplace-Dodekaeders
      $\Omega_1 = \{7;\ \text{nicht }7\}$
      $\Omega_2 = \{\text{prim};\ \text{nicht prim}\}$
      $\Omega_3 = \{\text{Zahl} \leq 6;\ \text{Zahl} > 6\}$

   b) Ziehen einer Karte aus einem Skatspiel
      $\Omega_1 = \{7;\ 8;\ 9;\ 10;\ \text{Bube};\ \text{Dame};\ \text{König};\ \text{As}\}$
      $\Omega_2 = \{\spadesuit;\ \clubsuit;\ \heartsuit;\ \diamondsuit\}$

Lösung:

a) Ω_1 erfüllt die Laplace-Annahme nicht, da „nicht 7“ die elf gleich wahrscheinlichen Ergebnisse 1, 2, 3, 4, 5, 6, 8, 9, 10, 11, 12 umfasst.

   Ω_2 erfüllt die Laplace-Annahme nicht, da „prim“ die fünf Ergebnisse 2; 3; 5; 7; 11 und „nicht prim“ die sieben Ergebnisse 1, 4, 6, 8, 9, 10, 12 umfasst.

   Ω_3 erfüllt die Laplace-Annahme, da „Zahl ≤ 6“ die sechs Ergebnisse 1, 2, 3, 4, 5, 6 und „Zahl > 6“ die sechs Ergebnisse 7, 8, 9, 10, 11, 12 umfasst.

b) Ω_1 erfüllt die Laplace-Annahme, da es in einem Skatspiel je 4 Karten mit den Werten 7, 8, 9, 10, Bube, Dame, König, As gibt.

Ω_2 erfüllt die Laplace-Annahme, da es in jedem Skatspiel je 8 Karten mit den Farben ♠, ♣, ♥, ♦ (Pik, Kreuz, Herz, Karo) gibt.

Hinweis: Weder Ω_1 noch Ω_2 ist die feinstmögliche Ergebnismenge. Ω_1 kann nur verwendet werden, wenn es wirklich nur um den Wert der gezogenen Karte geht, Ω_2 nur dann, wenn es wirklich nur um die Farbe der gezogenen Karte geht.

Sobald die Laplace-Annahme erfüllt ist, kann man die Wahrscheinlichkeiten von Ergebnissen und Ereignissen direkt berechnen.

Definition

Bei einem Laplace-Experiment gilt:
Besteht Ω aus n Ergebnissen, also $|\Omega| = n$, so besitzt jedes Ergebnis $\omega_i \in \Omega$, $i = 1, 2, \ldots n$, die Wahrscheinlichkeit:

$$P(\omega_i) = \frac{1}{|\Omega|} = \frac{1}{n}$$

Beispiele

1. Für die Laplace-Münze mit $\Omega = \{$Kopf; Zahl$\}$ gilt:

   $$P(\text{Kopf}) = P(\text{Zahl}) = \frac{1}{2} = 0,5$$

2. Für den Laplace-Würfel mit $\Omega = \{1; 2; 3; 4; 5; 6\}$ gilt:

   $$P(1) = P(2) = P(3) = P(4) = P(5) = P(6) = \frac{1}{6}$$

3. Für das Laplace-Glücksrad mit $\Omega = \{1; 2; 3; 4; 5; 6; 7; 8; 9; 10\}$ (siehe Abbildung auf S. 83, unten mittig) gilt:

   $$P(1) = P(2) = P(3) = P(4) = P(5) = P(6) = P(7) = P(8) = P(9) = P(10)$$
   $$= \frac{1}{10} = 0,1$$

Definition

Besteht ein Ereignis E eines Laplace-Experiments aus k Ergebnissen, also $|E| = k$, so besitzt E die Wahrscheinlichkeit:

$$P(E) = \underbrace{\frac{1}{n} + \frac{1}{n} + \frac{1}{n} + \ldots + \frac{1}{n}}_{k \text{ Summanden}} = \frac{k}{n} = \frac{|E|}{|\Omega|} = \frac{\textbf{Anzahl der günstigen Ergebnisse}}{\textbf{Anzahl aller möglichen Ergebnisse}}$$

Diese Wahrscheinlichkeit nennt sich **Laplace-Wahrscheinlichkeit**.

Beispiele

1. Bestimmen Sie jeweils die Wahrscheinlichkeit, bei einem Wurf mit dem Laplace-Oktaeder eine

   a) gerade Zahl

   b) Primzahl

   c) Zahl kleiner 4

   d) Zahl größer 8

   zu würfeln.

Lösung:

Für das Oktaeder gilt $\Omega = \{1; 2; 3; 4; 5; 6; 7; 8\}$ und somit $|\Omega| = 8$.

a) $P(\text{gerade Zahl}) = P(\{2; 4; 6; 8\}) = P(2) + P(4) + P(6) + P(8)$

$$= \tfrac{1}{8} + \tfrac{1}{8} + \tfrac{1}{8} + \tfrac{1}{8} = \tfrac{4}{8} = \tfrac{1}{2} = 0,5 = 50\,\%$$

oder

$$P(\text{gerade Zahl}) = P(\{2; 4; 6; 8\}) = \frac{|E|}{|\Omega|} = \frac{4}{8} = 0,5 = 50\,\%$$

b) $P(\text{Primzahl}) = P(\{2; 3; 5; 7\}) = \tfrac{4}{8} = \tfrac{1}{2} = 0,5 = 50\,\%$

c) $P(\text{kleiner 4}) = P(\{1; 2; 3\}) = \tfrac{3}{8} = 0,375 = 37,5\,\%$

d) $P(\text{größer 8}) = P(\{\ \}) = \tfrac{0}{8} = 0$

2. Bestimmen Sie jeweils die Wahrscheinlichkeit, beim Drehen des Laplace-Glücksrads eine

   a) gerade Zahl

   b) Primzahl

   c) Zahl kleiner 4

   d) Zahl größer 8

   zu erzielen.

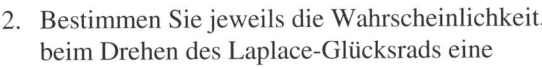

Lösung:

Für das Glücksrad gilt $\Omega = \{1; 2; 3; 4; 5; 6; 7; 8; 9; 10\}$ und somit $|\Omega| = 10$.

a) $P(\text{gerade Zahl}) = P(\{2; 4; 6; 8; 10\}) = \tfrac{5}{10} = \tfrac{1}{2} = 0,5 = 50\,\%$

b) $P(\text{Primzahl}) = P(\{2; 3; 5; 7\}) = \tfrac{4}{10} = 0,4 = 40\,\%$

c) $P(\text{kleiner 4}) = P(\{1; 2; 3\}) = \tfrac{3}{10} = 0,30 = 30\,\%$

d) $P(\text{größer 8}) = P(\{9; 10\}) = \tfrac{2}{10} = 0,2 = 20\,\%$

Bei manchen Experimenten ist die Laplace-Annahme nur dann erfüllt, wenn man die richtige Betrachtungsweise wählt.

In Aufgabe 1 auf Seite 5 wird die Ergebnismenge eines Farbwürfels, von dessen sechs Seiten zwei rot, zwei blau und je eine gelb bzw. weiß gefärbt sind, gesucht. Die Lösung $\Omega = \{$rot; blau; gelb; weiß$\}$ bietet natürlich keine Ergebnismenge, in der alle Ergebnisse die gleiche Wahrscheinlichkeit besitzen, da rot und blau auf dem Würfel doppelt so oft vorkommen wie gelb und weiß. Betrachtet man jedoch den Würfel mit seinen sechs Seitenflächen, also $\Omega = \{$rot$_1$; rot$_2$; blau$_1$; blau$_2$; gelb; weiß$\}$, so ist jede von diesen Seitenflächen gleich wahrscheinlich. Man erhält daher für diesen Farbwürfel die Wahrscheinlichkeiten:

$$P(\text{rot}) = P(\text{blau}) = \frac{1}{6} + \frac{1}{6} = \frac{2}{6} = \frac{1}{3}$$

$$P(\text{gelb}) = P(\text{weiß}) = \frac{1}{6}$$

Entsprechend verhält es sich bei der – ebenfalls in Kapitel 1 auf Seite 2 schon verwendeten – Schale mit 2 weißen und 8 farbigen Kugeln. Die Ergebnismenge $\Omega = \{$weiß; farbig$\}$ erfüllt die Laplace-Annahme sicher nicht. Wenn jedoch angegeben ist, dass alle Kugeln gleich sind, sich also nur durch ihre Farbe unterscheiden, so hat jede der 10 Kugeln die gleiche Chance, gezogen zu werden, also:

$\Omega = \{$weiß$_1$; weiß$_2$; farbig$_1$; farbig$_2$; farbig$_3$; farbig$_4$; farbig$_5$; farbig$_6$; farbig$_7$; farbig$_8\}$

Beim Ziehen einer Kugel gilt somit:

$$P(\text{weiß}) = \frac{2}{10} = 0,2 = 20\,\%$$

$$P(\text{farbig}) = \frac{8}{10} = 0,8 = 80\,\%$$

Aufgaben   **57.** In einer Schale befinden sich 72 rote, 64 blaue, 40 grüne, 32 weiße, 24 lila, 16 orange und 8 braune Smarties, die sich nur durch ihre Farbe unterscheiden. Bestimmen Sie die Wahrscheinlichkeit, die jede Farbe beim zufälligen Ziehen eines Smartie besitzt.

58. Ein Laplace-Dodekaeder, das auf seinen 12 Seitenflächen viermal die Aufschrift 6, dreimal die Aufschrift 5, zweimal die Aufschrift 4 und je einmal die Aufschrift 3, 2 bzw. 1 trägt, wird geworfen.
Bestimmen Sie die Wahrscheinlichkeit, mit der

a) eine gerade Zahl erscheint.

b) keine 6 gewürfelt wird.

c) eine Primzahl erscheint.

d) entweder eine gerade oder eine Primzahl erscheint.

e) weder eine gerade noch eine Primzahl gewürfelt wird.

59. Für ein Glücksrad gilt:

ω	1	2	3	4	5
$P(\omega)$	$\frac{1}{3}$	$\frac{1}{4}$	$\frac{1}{6}$	$\frac{1}{6}$	$\frac{1}{12}$

Zeichnen Sie das Glücksrad so, dass die Laplace-Annahme für die einzelnen Ziffern

a) nicht erfüllt ist.

b) erfüllt ist.

Definition

> Werden mehrere Laplace-Experimente mehrmals nacheinander ausgeführt, so handelt es sich um ein **mehrstufiges Laplace-Experiment**. Auch für solche Experimente gilt:
>
> $$P(E) = \frac{|E|}{|\Omega|}$$
>
> Um $|\Omega|$ bzw. $|E|$ zu bestimmen,
>
> - listet man entweder Ω und die Teilmenge E ausführlich auf, um dann die enthaltenen Elemente abzuzählen, oder
> - berechnet man $|\Omega|$ bzw. $|E|$ mithilfe des Zählprinzips (siehe Kapitel 3). E ist dabei stets als Teilmenge des ausgewählten Ω zu betrachten.

Beispiele

1. Für das zweimalige Werfen eines Laplace-Tetraeders sind in Kapitel 1, Seite 4, drei mögliche Ergebnismengen angegeben:

   $\Omega_1 = \{11; 12; 13; 14; 21; 22; 23; 24; 31; 32; 33; 34; 41; 42; 43; 44\}$

   $\Omega_2 = \{\text{Pasch}; \text{nicht Pasch}\}$

   $\Omega_3 = \{2; 3; 4; 5; 6; 7; 8\}$

   Ω_3 gibt hier die Augensumme des zweimaligen Wurfs an.

   Entscheiden Sie jeweils, ob die Laplace-Annahme erfüllt ist oder nicht.

   Lösung:

   Nur Ω_1 erfüllt die Laplace-Annahme.

   Ω_2 erfüllt die Laplace-Annahme nicht, denn von den in Ω_1 aufgelisteten 16 gleich wahrscheinlichen Ergebnissen gehören nur 4 zu „Pasch", nämlich 11, 22, 33 und 44, aber 12 Ergebnisse zu „nicht Pasch".

   Auch Ω_3 erfüllt die Laplace-Annahme nicht, denn zu den einzelnen Augensummen in Ω_3 gehören jeweils unterschiedlich viele der 16 gleich wahrscheinlichen Ergebnisse aus Ω_1. So gehört z. B. zur Augensumme 2 nur das eine Ergebnis 11, Augensumme 4 aber umfasst die drei Ergebnisse 13, 22, 31.

2. Aus den dreistelligen Zahlen des Intervalls [100; 299] wird zufällig eine Zahl herausgegriffen.
Bestimmen Sie die Wahrscheinlichkeit, dass diese Zahl

a) durch 10 teilbar ist.

b) gerade ist.

c) an der Zehnerstelle eine Primzahl hat.

Lösung:

Im Intervall [100; 299] befinden sich $299 - 99 = 200$ Zahlen.

oder

An der Hunderterstelle können die Ziffern 1 und 2 stehen. An der Zehnerstelle und Einerstelle kann jeweils eine beliebige der 10 Ziffern von 0 bis 9 stehen. Somit gilt: $|\Omega| = 2 \cdot 10 \cdot 10 = 200$

a) An der Hunderterstelle können die Ziffern 1 und 2 stehen, an der Zehnerstelle kann eine beliebige der 10 Ziffern 0 bis 9 stehen, an der Einerstelle muss die 0 stehen.

$$|E_1| = 2 \cdot 10 \cdot 1 = 20$$

Es ergibt sich also:

$$P(\text{durch 10 teilbar}) = P(E_1) = \frac{20}{200} = \frac{1}{10} = 0,1 = 10\,\%$$

b) An der Hunderterstelle können die Ziffern 1 und 2 stehen, an der Zehnerstelle kann eine beliebige der 10 Ziffern von 0 bis 9 stehen, an der Einerstelle muss eine der 5 Ziffern 0, 2, 4, 6, 8 stehen.

$$|E_2| = 2 \cdot 10 \cdot 5 = 100$$

Damit ergibt sich:

$$P(\text{gerade}) = P(E_2) = \frac{100}{200} = \frac{1}{2} = 0,5 = 50\,\%$$

c) An der Hunderterstelle können die Ziffern 1 und 2 stehen, an der Zehnerstelle muss eine der 4 Ziffern 2, 3, 5, 7 stehen, an der Einerstelle kann eine beliebige der 10 Ziffern von 0 bis 9 stehen.

$$|E_3| = 2 \cdot 4 \cdot 10 = 80$$

Also:

$$P(\text{Zehnerstelle prim}) = P(E_3) = \frac{80}{200} = \frac{2}{5} = 0,4 = 40\,\%$$

3. Ein Laplace-Tetraeder mit den Seiten 1, 2, 3 und 4 wird viermal hintereinander geworfen. Das Ergebnis wird als vierstellige Zahl interpretiert. Berechnen Sie die Wahrscheinlichkeit, dass die Zahl

a) mit 3 beginnt.

b) gerade ist.

Lösung:

Es gilt: $|\Omega| = 4 \cdot 4 \cdot 4 \cdot 4 = 256$

a) An der 1. Stelle gibt es nur 1 Möglichkeit, nämlich die 3.

$|E| = 1 \cdot 4 \cdot 4 \cdot 4 = 64$

$P(\text{Zahl beginnt mit 3}) = \frac{64}{256} = \frac{1}{4} = 0,25 = 25\ \%$

b) An der 4. Stelle gibt es nur 2 Möglichkeiten, nämlich 2 oder 4.

$|E| = 4 \cdot 4 \cdot 4 \cdot 2 = 128$

$P(\text{Zahl ist gerade}) = \frac{128}{256} = \frac{1}{2} = 0,5 = 50\ \%$

4. Aus den Buchstaben S, T, A, R, K und E sollen „Wörter" (sie müssen keinen Sinn ergeben) gebildet werden, in denen alle Buchstaben genau einmal vorkommen.

Berechnen Sie die Wahrscheinlichkeit, dass das „Wort"

a) mit T beginnt.

b) mit den beiden Vokalen beginnt.

Lösung:

Es gilt: $|\Omega| = 6 \cdot 5 \cdot 4 \cdot 3 \cdot 2 \cdot 1 = 6! = 720$

a) An 1. Stelle steht das T, dann sind noch 5 Buchstaben übrig.

$|E| = 1 \cdot 5 \cdot 4 \cdot 3 \cdot 2 \cdot 1 = 120$

$P(\text{Wort beginnt mit T}) = \frac{120}{720} = \frac{1}{6} \approx 0,167 = 16,7\ \%$

b) An der 1. und 2. Stelle stehen die beiden Vokale, dann kommen die 4 Konsonanten.

$|E| = 2 \cdot 1 \cdot 4 \cdot 3 \cdot 2 \cdot 1 = 48$

$P(\text{Wort beginnt mit beiden Vokalen}) = \frac{48}{720} = \frac{1}{15} \approx 0,067 = 6,7\ \%$

Aufgaben **60.** Entscheiden Sie, ob das angegebene Ω die Laplace-Annahme erfüllt.

a) Werfen einer Münze und eines Oktaeders

$\Omega_1 = \{\text{Zahl-Zahl; Kopf-Zahl}\}$

$\Omega_2 = \{\text{Z1; Z2; Z3; Z4; Z5; Z6; Z7; Z8; K1; K2; K3; K4; K5; K6; K7; K8}\}$

b) Dreifaches Werfen einer Münze

$\Omega_1 = \{\text{dreimal Zahl; zweimal Zahl; einmal Zahl; keinmal Zahl}\}$

$\Omega_2 = \{\text{ZZZ; ZZK; ZKK; KKK}\}$

$\Omega_3 = \{\text{ZZZ; ZZK; ZKZ; KZZ; ZKK; KZK; KKZ; KKK}\}$

c) Werfen eines roten und eines grünen Würfels

$\Omega_1 = \{$Pasch; nicht Pasch$\}$

$\Omega_2 = \{$11; 12; 13; 14; 15; 16; 22; 23; 24; 25; 26;
33; 34; 35; 36; 44; 45; 46; 55; 56; 66$\}$

$\Omega_3 = \{$2; 3; 4; 5; 6; 7; 8; 9; 10; 11; 12$\}$ Augensumme

d) Ziehen eines Loses aus einer Lostrommel

$\Omega_1 = \{$Gewinn; Niete$\}$

$\Omega_2 = \{$Hauptgewinn; Preis; Trostpreis; Niete$\}$

61. Isabella, Tim und Hanna spielen Trivial Pursuit. Dabei gehört Isabella der dunkle Spielstein und Tim der hellste von den dreien.

In den folgenden Aufgaben soll vom reinen Würfeln bis zum Stellen der ersten Frage ausgegangen werden.

a) Geben Sie die Wahrscheinlichkeit an, mit der Tim beim nächsten Zug nochmals würfeln darf.

b) Ermitteln Sie die Wahrscheinlichkeit, mit der Isabella beim nächsten Zug mit einmaligem Würfeln auf ein Feld kommt, auf dem sie einen Wissensstein erwerben kann.

c) Isabella darf zweimal würfeln.
Bestimmen Sie die Wahrscheinlichkeit, mit der sie beim nächsten Zug auf ein Feld kommt, auf dem sie einen Wissensstein erwerben kann.

62. Susanne mailt am Abend ihrer Freundin aus der Parallelklasse:

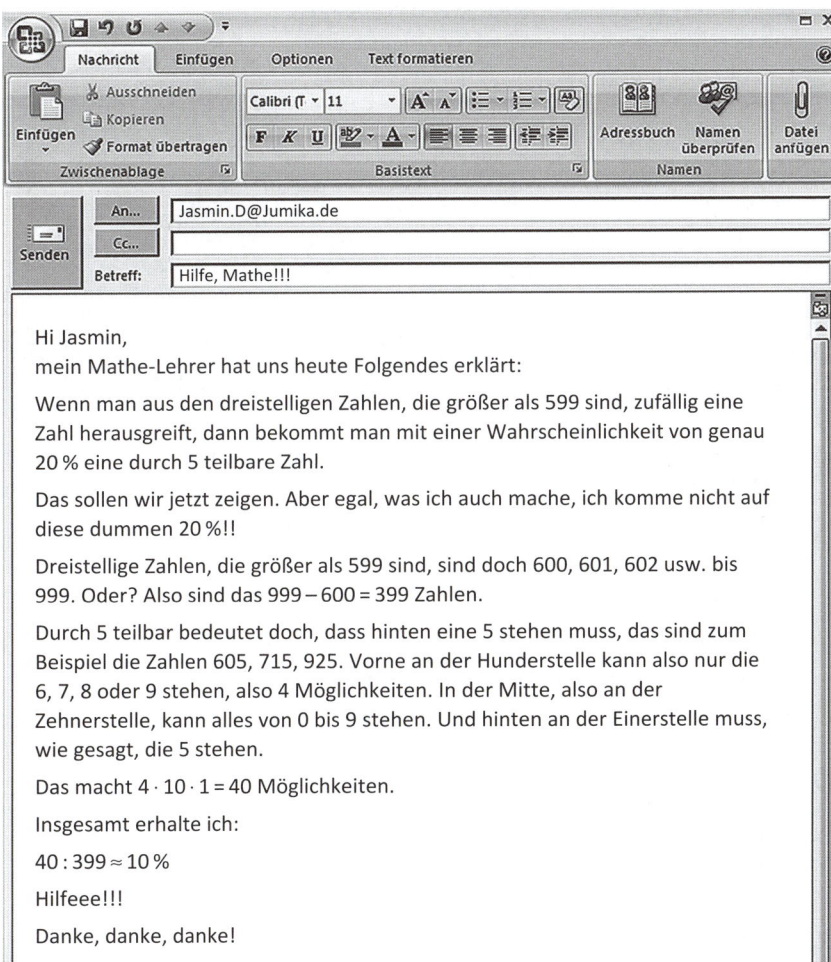

An... Jasmin.D@Jumika.de

Betreff: Hilfe, Mathe!!!

Hi Jasmin,
mein Mathe-Lehrer hat uns heute Folgendes erklärt:

Wenn man aus den dreistelligen Zahlen, die größer als 599 sind, zufällig eine Zahl herausgreift, dann bekommt man mit einer Wahrscheinlichkeit von genau 20 % eine durch 5 teilbare Zahl.

Das sollen wir jetzt zeigen. Aber egal, was ich auch mache, ich komme nicht auf diese dummen 20 %!!

Dreistellige Zahlen, die größer als 599 sind, sind doch 600, 601, 602 usw. bis 999. Oder? Also sind das $999 - 600 = 399$ Zahlen.

Durch 5 teilbar bedeutet doch, dass hinten eine 5 stehen muss, das sind zum Beispiel die Zahlen 605, 715, 925. Vorne an der Hunderstelle kann also nur die 6, 7, 8 oder 9 stehen, also 4 Möglichkeiten. In der Mitte, also an der Zehnerstelle, kann alles von 0 bis 9 stehen. Und hinten an der Einerstelle muss, wie gesagt, die 5 stehen.

Das macht $4 \cdot 10 \cdot 1 = 40$ Möglichkeiten.

Insgesamt erhalte ich:

$40 : 399 \approx 10\,\%$

Hilfeee!!!

Danke, danke, danke!

Deine Susi

Helfen Sie Susanne und korrigieren Sie ihre Fehler.

63. Aus den Ziffern 3, 5, 7 und 9 werden dreistellige Zahlen gebildet, in denen jede Ziffer höchstens einmal vorkommt. Eine dieser Zahlen wird ausgewählt. Berechnen Sie die Wahrscheinlichkeit der Ereignisse E_1 bis E_3.

E_1: „Zahl ist durch 5 teilbar."
E_2: „Zahl ist kleiner als 700."
E_3: „Zahl ist durch 3 teilbar."

64. Beim Billard gibt es sieben „halbe" Kugeln, sieben „volle" Kugeln sowie die schwarze Kugel mit der Aufschrift 8. Lisa und Tobi legen die Kugeln in zufälliger Reihenfolge in die dreieckförmige Vorrichtung. Dabei belegen sie zuerst die drei Ecken.
Berechnen Sie die Wahrscheinlichkeit, mit der in den drei Ecken am Ende

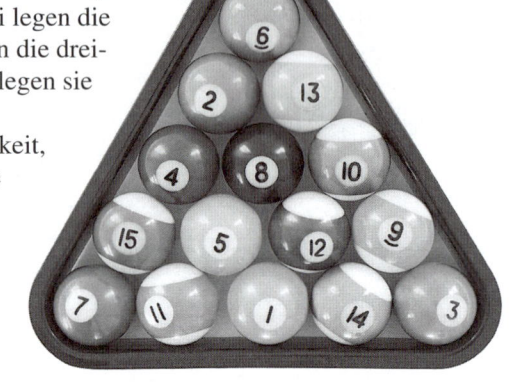

a) nur volle Kugeln liegen.

b) nur Kugeln mit einer Primzahl liegen.

c) zwei halbe Kugeln und die schwarze Kugel liegen.

65. Aus den Ziffern 1, 3, 5, 7 und 9 werden dreistellige Zahlen gebildet, in denen jede Ziffer beliebig oft vorkommen darf. Eine dieser Zahlen wird ausgewählt. Bestimmen Sie die Wahrscheinlichkeit, dass diese Zahl

a) durch 5 teilbar ist.

b) kleiner als 700 ist.

c) aus stets der gleichen Ziffer besteht.

d) an der ersten und der letzten Stelle dieselbe Ziffer hat.

e) genau einmal die 1 enthält.

66. Eine Laplace-Münze wird zehnmal geworfen.
Berechnen Sie die Wahrscheinlichkeit der folgenden Ereignisse.

a) E_1: „Erster und letzter Wurf zeigt Zahl."

b) E_2: „Erster und letzter Wurf ist gleich."

c) E_3: „Die Münze zeigt immer Zahl."

67. In einer Klasse mit 18 Jungen und 14 Mädchen wird nacheinander der 1. und der 2. Klassensprecher gewählt, wobei alle Schüler dieselbe Chance haben, gewählt zu werden.
Bestimmen Sie die Wahrscheinlichkeit, mit der

a) der 1. Klassensprecher ein Mädchen ist.

b) beide Klassensprecher Mädchen sind.

c) genau ein Klassensprecher ein Mädchen ist.

68. In Katjas Box befinden sich 10 rote, 7 blaue und 3 weiße Luftballons. Sie zieht nacheinander ohne Zurücklegen 5 Luftballons, um sie für ihre kleine Schwester aufzublasen.
Berechnen Sie die Wahrscheinlichkeit, dass

a) alle 5 Luftballons rot sind.

b) alle 5 Luftballons die gleiche Farbe haben.

c) der erste Luftballon rot ist.

d) nur die beiden letzten Luftballons rot sind.

e) mindestens ein Luftballon blau ist.

f) mindestens ein Luftballon weiß ist.

69. In einer Schale befinden sich 10 rote, 7 blaue und 3 weiße Kugeln. Es werden nacheinander mit Zurücklegen 5 Kugeln gezogen.
Berechnen Sie die Wahrscheinlichkeit, dass

a) alle 5 Kugeln blau sind.

b) alle 5 Kugeln die gleiche Farbe haben.

c) die erste Kugel blau ist.

d) nur die beiden letzten Kugeln blau sind.

e) mindestens eine Kugel blau ist.

f) mindestens eine Kugel weiß ist.

70. Aus einem Skatspiel mit 32 Karten werden nacheinander ohne Zurücklegen 3 Karten gezogen.
Bestimmen Sie die Wahrscheinlichkeit, mit der es sich dabei um

a) 3 Buben handelt.

b) keinen Buben handelt.

c) mindestens einen Buben handelt.

d) nur Pik handelt.

e) 3 Karten derselben Farbe handelt.

f) mindestens ein Pik handelt.

g) weder Pik noch Bube handelt.

71. Ein Tetraeder wird viermal geworfen.
Bestimmen Sie die Wahrscheinlichkeiten der folgenden Ereignisse.

E_1: „Alle Würfe zeigen verschiedene Zahlen."
E_2: „Nur der erste und der letzte Wurf sind gleich."
E_3: „Die Augensumme beträgt 5."
E_4: „Die Augensumme ist kleiner als 15."

72. Aus 4 Buchstaben des Wortes „Schulzeit" wird ein neues „Wort" gebildet, das keinen Sinn ergeben muss und in dem jeder Buchstabe höchstens einmal vorkommt.

Berechnen Sie die Wahrscheinlichkeit, mit der das „Wort"

a) nur Konsonanten enthält.

b) mit einem Konsonanten beginnt und endet.

c) mit U beginnt.

d) mit einem Vokal beginnt.

e) nur am Anfang und am Ende einen Vokal hat.

f) alle 3 Vokale enthält.

73. Ein Spielautomat besitzt 3 Glücksräder, auf denen verschiedene Glücksbringer abgebildet sind.

- Das linke Glücksrad hat acht gleich große Sektoren, von denen vier ein Kleeblatt, drei ein Hufeisen und einer ein Schweinchen zeigen.
- Das mittlere Glücksrad hat zehn gleich große Sektoren, von denen drei ein Kleeblatt, vier ein Hufeisen und drei ein Schweinchen zeigen.
- Das rechte Glücksrad hat die gleiche Einteilung und die gleichen Bilder wie das linke.

Der Einsatz für ein Spiel beträgt 50 Cent.

- Erscheint dreimal der gleiche Glücksbringer, so wirft der Automat 2 € aus.
- Erscheinen drei verschiedene Glücksbringer, so erhält man den doppelten Einsatz.
- Bei allen anderen Symbolfolgen ist der Einsatz verloren.

a) Berechnen Sie die jeweilige Wahrscheinlichkeit für die beiden Gewinnfälle.

b) Angenommen, jemand spielt sehr oft an diesem Automaten, wird er dann einen Gewinn oder einen Verlust machen?
Begründen Sie Ihre Antwort.

9 Pfadregeln

In Kapitel 8 wird gezeigt, wie man Wahrscheinlichkeiten für mehrstufige Laplace-Experimente berechnen kann. Lassen sich aber auch Wahrscheinlichkeiten für mehrstufige Zufallsexperimente berechnen, wenn die Laplace-Annahme nicht erfüllt ist?

9.1 1. Pfadregel

Anna überlegt, ob sie für einen zweimaligen Wurf der rechts abgebildeten Pyramide die **Wahrscheinlichkeit des Ergebnisses** 24 (erst eine 2 und dann eine 4) bestimmen kann, auch wenn sie nur die Wahrscheinlichkeiten

P(1) = 17 %
P(2) = P(3) = 26 %
P(4) = 31 %

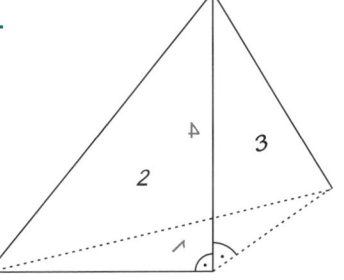

für den einmaligen Wurf der Pyramide kennt.

Anna kann es – sehr übersichtlich sogar –, weil sie dazu ein Baumdiagramm (siehe Kapitel 3) benutzt und jeden Pfad mit der jeweiligen Wahrscheinlichkeit beschriftet.

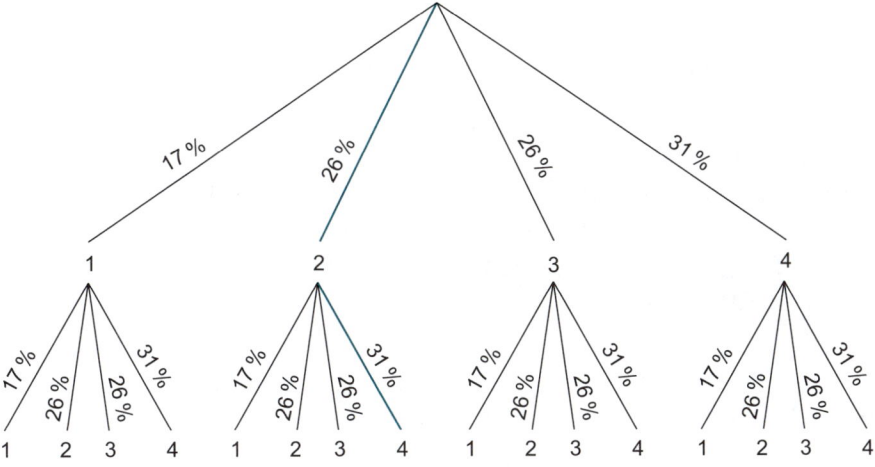

Im Baumdiagramm zeichnet Anna den **Pfad**, der zum gesuchten Ergebnis (es wird erst eine 2 und dann eine 4 gewürfelt) führt, farbig ein. Die Wahrscheinlichkeit für die 2 beim ersten Wurf beträgt 26 %. Beim zweiten (ebenso wie bei jedem) Wurf erscheint die 4 mit einer Wahrscheinlichkeit von 31 %. Somit erhält Anna mit der Wahrscheinlichkeit 31 % von 26 % zuerst eine 2 und dann eine 4:

$P(24) = 31\%$ von $26\% = 0{,}31 \cdot 0{,}26 = 0{,}0806 = 8{,}06\%$

Will Anna die Wahrscheinlichkeit berechnen, mit der sie nach der 2 und der 4 noch eine 1 würfelt, so kann sie das Baumdiagramm (teilweise) erweitern und erhält:

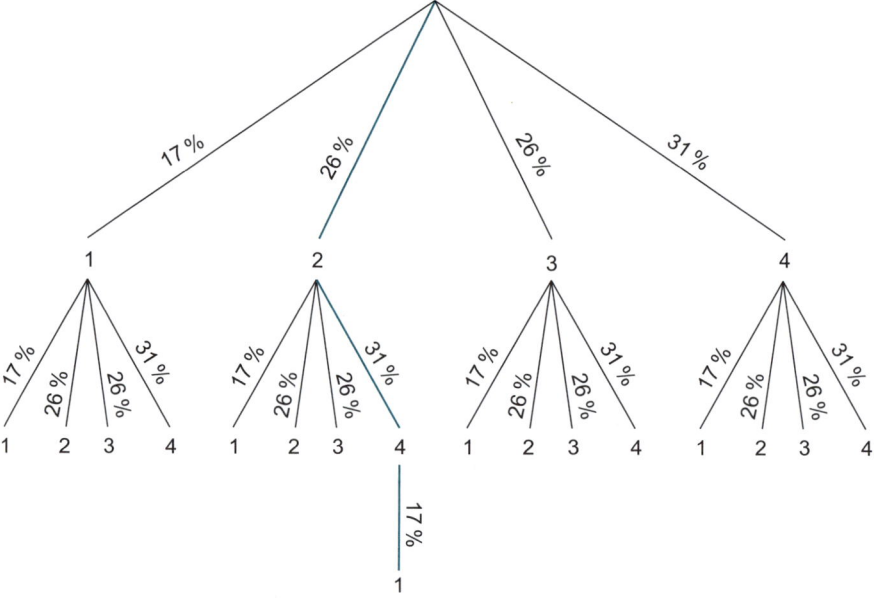

$P(241) = 17\%$ von $(31\%$ von $26\%) = 0{,}17 \cdot (0{,}31 \cdot 0{,}26) = 0{,}013702 \approx 1{,}37\%$

Definition

1. Pfadregel (Produktregel, Pfadmultiplikationsregel)
Ist ω ein **Ergebnis** eines n-stufigen Zufallsexperiments, so ist die Wahrscheinlichkeit von ω gleich dem **Produkt aus den Wahrscheinlichkeiten entlang des Pfads** (n Faktoren), der zu ω führt:

$P(\omega) = p_1 \cdot p_2 \cdot p_3 \cdot \ldots \cdot p_n$

Mithilfe dieser 1. Pfadregel kann man auch ohne ein aufwendiges Baumdiagramm Wahrscheinlichkeiten mehrstufiger Zufallsexperimente bestimmen.

Beispiele

1. Anna wirft die Pyramide von Seite 97 viermal.
   Berechnen Sie die Wahrscheinlichkeit, mit der sie das Ergebnis 1234 erhält.

   Lösung:

   $P(1234) = 0,17 \cdot 0,26 \cdot 0,26 \cdot 0,31 \approx 0,00356 = 0,356\,\%$

   oder:

   $P(1234) = 0,31 \cdot 0,26 \cdot 0,26 \cdot 0,17 \approx 0,00356 = 0,356\,\%$

   Anmerkung: Der entsprechende Pfad kann wegen der Kommutativität des Produkts von „vorn" oder „hinten" durchlaufen werden.

2. Peter nimmt Anna die Pyramide von Seite 97 aus der Hand und sagt:
   „Alles klar! Ich habe verstanden, wie's geht. Die Wahrscheinlichkeit, dass ich beim dreimaligen Würfeln nur bei den ersten beiden Würfen eine 1 erhalte, ist also P(11) = 0,17 · 0,17 = 0,0289 = 2,89 %."
   Sind Sie mit Peters Aussage einverstanden? Begründen Sie Ihre Antwort.

   Lösung:

   Nein, mit Peters Aussage kann man nicht einverstanden sein.
   Peter hat den dritten Wurf nicht beachtet. Da es sich um ein dreistufiges Zufallsexperiment handelt, muss das Produkt der 1. Pfadregel aus drei Faktoren bestehen. Da „nur bei den ersten beiden Würfen eine 1" erscheinen soll, darf Peter beim dritten Wurf keine 1 erhalten.

   $P(11\overline{1}) = 0,17 \cdot 0,17 \cdot (1-0,17) = 0,17 \cdot 0,17 \cdot 0,83 = 0,023987 = 2,3987\,\%$

Da an jedem Verzweigungspunkt im Baumdiagramm die Darstellung eines neuen Zufallsexperiments beginnt, gilt:

Regel

> Die **Summe aller Wahrscheinlichkeiten** an den Ästen, die von einem Verzweigungspunkt ausgehen, muss stets **1** (bzw. **100 %**) ergeben.

Beispiel

Ferdinand besitzt ein Bistro, in dem er mittags außer den Gerichten auf der Karte auch einen günstigen und schnell servierten „business lunch" anbietet, den 80 % seiner Gäste wählen. Bestellt man den „business lunch", so muss sich der Gast entscheiden, ob eine Vorspeise oder ein Nachtisch serviert wird und ob er sein Hauptgericht mit Fleisch, mit Fisch oder vegetarisch haben möchte. Die Vorspeise nehmen 60 %, beim Hauptgericht entscheiden sich 50 % für Fleisch und 30 % für Fisch.
Bestimmen Sie die Wahrscheinlichkeit, mit der ein Gast den „business lunch" vegetarisch mit Nachtisch wählt.

Lösung:
Man kann zunächst ein Baumdiagramm mit den benötigten Wahrscheinlichkeiten anfertigen:

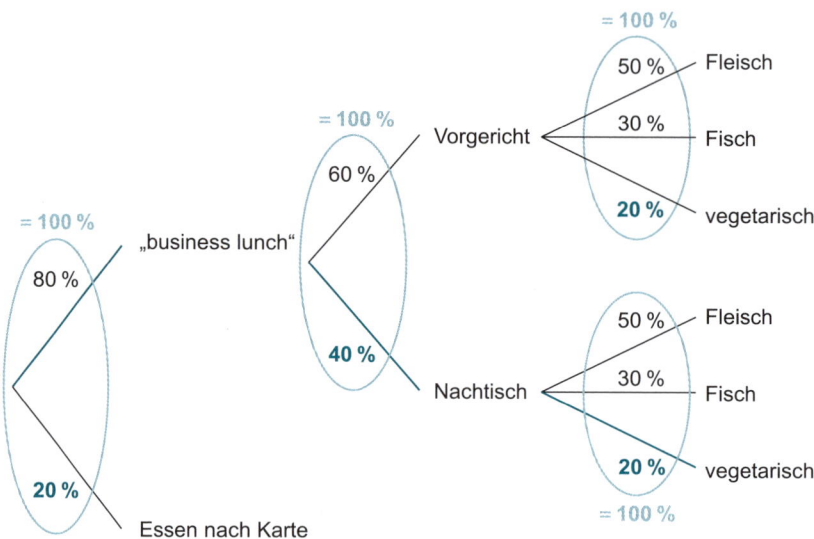

Im Baumdiagramm ist der Pfad, der zum gesuchten Ergebnis (Gast, der den
„business lunch" vegetarisch mit Nachtisch wählt) führt, farbig eingezeich-
net. Da 60 % derer, die den „business lunch" wählen, das Vorgericht bestel-
len, nehmen 100 % – 60 % = **40 %** den Nachtisch. Somit entscheiden sich
40 % von 80 % für den „business lunch" mit Nachtisch.

40 % von 80 % = 0,4 · 0,8 = 0,32 = 32 %

Gemäß Aufgabenstellung wählen 50 % der „business lunch"-Esser (egal, ob
mit Vorgericht oder mit Nachtisch) Fleisch, 30 % Fisch und folglich
100 % – 50 % – 30 % = **20 %** das vegetarische Essen. Es entscheiden sich also
20 % der obigen 32 % für das vegetarische Hauptgericht.

20 % von 32 % = 0,2 · 0,32 = 0,064 = 6,4 %

Die gesuchte Wahrscheinlichkeit ergibt sich zu:

P(Gast, der den „business lunch" vegetarisch mit Nachtisch wählt)
= 20 % von 40 % von 80 %
= 0,2 · 0,4 · 0,8
= 0,8 · 0,4 · 0,2   Reihenfolge entlang des Pfades
= 0,064
= 6,4 %

9.2 2. Pfadregel

Anna betrachtet nochmals das Baumdiagramm für das zweimalige Werfen der Pyramide, denn sie möchte nun die **Wahrscheinlichkeit des Ereignisses** „beim ersten Wurf eine gerade Zahl, beim zweiten Wurf eine ungerade Zahl" bestimmen. Sie markiert alle Pfade, die zu diesem Ereignis gehören.

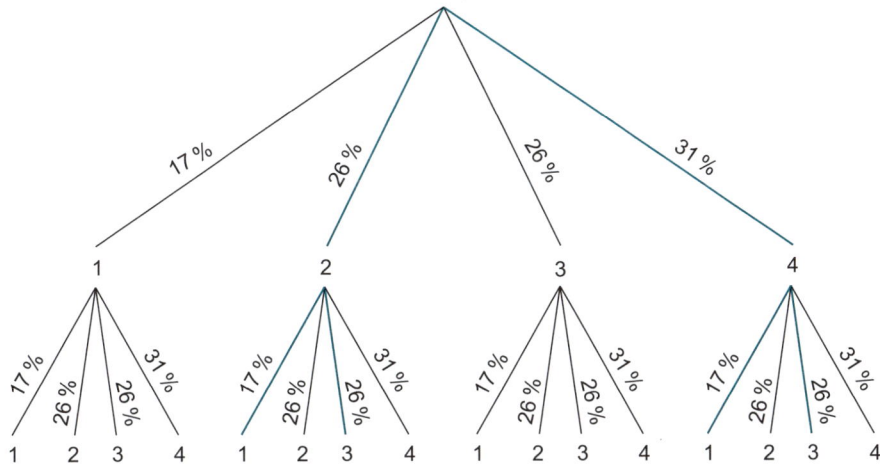

Diesem Ereignis gehören also die Ergebnisse 21, 23, 41 und 43 an. Es gilt:

P(erst gerade, dann ungerade Zahl)

$= P(\{21; 23; 41; 43\})$

$= P(21) + P(23) + P(41) + P(43)$

$= 0{,}26 \cdot 0{,}17 + 0{,}26 \cdot 0{,}26 + 0{,}31 \cdot 0{,}17 + 0{,}31 \cdot 0{,}26$

$= 0{,}2451 = 24{,}51\,\%$

Definition

2. Pfadregel (Summenregel, Pfadadditionsregel)
Ist E ein **Ereignis** eines mehrstufigen Zufallsexperiments, so ist die Wahrscheinlichkeit von E gleich der **Summe aller Pfadwahrscheinlichkeiten** der zu E gehörigen Ergebnisse.

Beispiel

Aus einer Schale, in der sich nur durch die Farbe zu unterscheidende Kugeln (20 % weiße, 80 % farbige) befinden, wird dreimal hintereinander eine Kugel mit Zurücklegen gezogen.
Bestimmen Sie die Wahrscheinlichkeit, mit der man mindestens zwei farbige Kugeln erhält.

Lösung:

Man fertigt ein Baumdiagramm mit den entsprechenden Wahrscheinlichkeiten. Da mit Zurücklegen gezogen wird, ist die Wahrscheinlichkeit für das Ziehen einer weißen Kugel stets 0,2 und für das Ziehen einer farbigen Kugel stets 0,8.

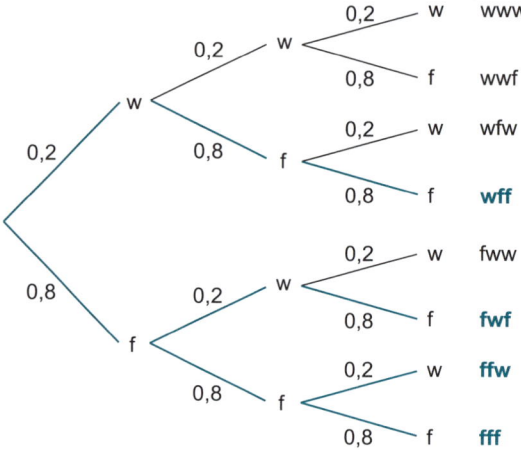

Zum Ereignis „mindestens zwei farbige Kugeln" gehören die Ergebnisse wff, fwf, ffw und fff. Somit gilt:

P(„mindestens zwei farbige Kugeln")
$= P(\text{wff}) + P(\text{fwf}) + P(\text{ffw}) + P(\text{fff})$
$= 0{,}2 \cdot 0{,}8 \cdot 0{,}8 + 0{,}8 \cdot 0{,}2 \cdot 0{,}8 + 0{,}8 \cdot 0{,}8 \cdot 0{,}2 + 0{,}8 \cdot 0{,}8 \cdot 0{,}8$
$= 0{,}896 = 89{,}6\,\%$

Die in der Beispielaufgabe verwendete Bedingung „20 % weiße und 80 % farbige Kugeln" ist z. B. erfüllt, wenn eine Schale mit zwei weißen und acht farbigen Kugeln verwendet wird. Dann lässt sich die Aufgabe als mehrstufiges Laplace-Experiment betrachten und man erhält gemäß Kapitel 8 die Lösung:

$$P(\text{„mindestens zwei farbige Kugeln"}) = P(\text{wff}) + P(\text{fwf}) + P(\text{ffw}) + P(\text{fff})$$
$$= \frac{2 \cdot 8 \cdot 8}{10 \cdot 10 \cdot 10} + \frac{8 \cdot 2 \cdot 8}{10 \cdot 10 \cdot 10} + \frac{8 \cdot 8 \cdot 2}{10 \cdot 10 \cdot 10} + \frac{8 \cdot 8 \cdot 8}{10 \cdot 10 \cdot 10}$$

Die Summe dieser Brüche lässt sich algebraisch verwandeln:

$$\frac{2 \cdot 8 \cdot 8}{10 \cdot 10 \cdot 10} + \frac{8 \cdot 2 \cdot 8}{10 \cdot 10 \cdot 10} + \frac{8 \cdot 8 \cdot 2}{10 \cdot 10 \cdot 10} + \frac{8 \cdot 8 \cdot 8}{10 \cdot 10 \cdot 10}$$

$$= \frac{2}{10} \cdot \frac{8}{10} \cdot \frac{8}{10} + \frac{8}{10} \cdot \frac{2}{10} \cdot \frac{8}{10} + \frac{8}{10} \cdot \frac{8}{10} \cdot \frac{2}{10} + \frac{8}{10} \cdot \frac{8}{10} \cdot \frac{8}{10}$$

$$= 0{,}2 \cdot 0{,}8 \cdot 0{,}8 + 0{,}8 \cdot 0{,}2 \cdot 0{,}8 + 0{,}8 \cdot 0{,}8 \cdot 0{,}2 + 0{,}8 \cdot 0{,}8 \cdot 0{,}8$$

Dieser Term entspricht exakt der obigen Summe der Pfadwahrscheinlichkeiten.

Regel

> Jede **Laplace-Wahrscheinlichkeit** eines mehrstufigen Zufallsexperiments lässt sich auch mithilfe der **Pfadregeln** berechnen.

Es gibt auch Aufgaben, bei denen man zunächst Laplace-Wahrscheinlichkeiten bestimmen muss, um dann die Pfadregeln anwenden zu können.

Beispiel

Luisa bastelt für ihre drei Kinder Osternester. In jedem Nest sollen am Ende drei Eier und ein Hase liegen. Die Eier für das letzte Nest entnimmt sie zufällig einer Schachtel, in der sich zehn nur durch die Farbe zu unterscheidende Eier (2 rote, 8 blaue) befinden. Bestimmen Sie die Wahrscheinlichkeit, mit der im letzten Nest mindestens zwei rote Eier liegen.

Lösung:
Beim Zeichnen des Baumdiagramms mit den entsprechenden Laplace-Wahrscheinlichkeiten ist zu beachten, dass die Eier ohne Zurücklegen aus der Schachtel entnommen werden. Der Schachtelinhalt ändert sich bei jedem Zug (er ist jeweils in Klammern angegeben). Dadurch ändern sich in jeder Stufe auch Zähler und Nenner bei der Berechnung der Laplace-Wahrscheinlichkeit für rot bzw. blau.

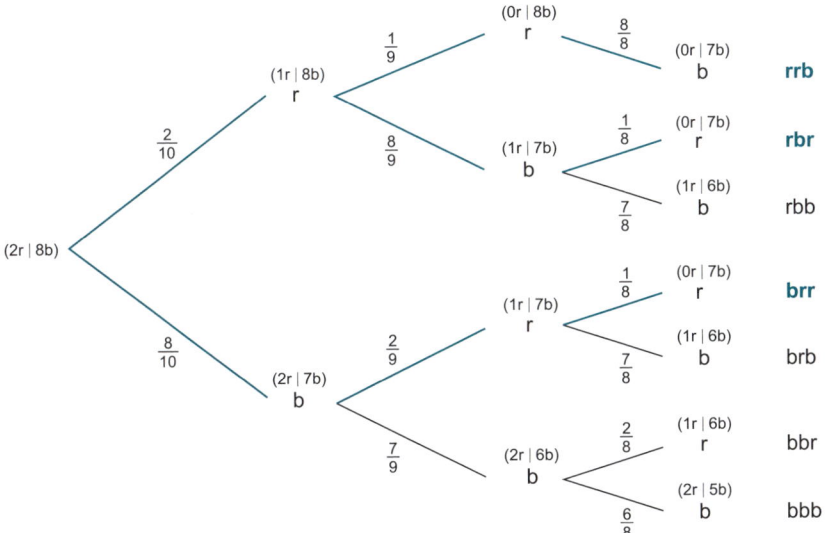

Das Ereignis „mindestens zwei rote Eier" umfasst „genau zwei rote Eier" und „genau drei rote Eier". Drei rote Eier ist jedoch nicht möglich, da ohne Zurücklegen gezogen wird und sich in der Schachtel am Anfang nur zwei rote Eier befinden. Zum gesuchten Ereignis gehören somit die Ergebnisse rrb, rbr und brr. Für die Wahrscheinlichkeit des Ereignisses gilt:

$$P(\text{„mindestens zwei rote Eier"}) = P(\text{rrb}) + P(\text{rbr}) + P(\text{brr})$$

$$= \frac{2}{10} \cdot \frac{1}{9} \cdot \frac{8}{8} + \frac{2}{10} \cdot \frac{8}{9} \cdot \frac{1}{8} + \frac{8}{10} \cdot \frac{2}{9} \cdot \frac{1}{8}$$

$$= \frac{1}{15} \approx 0,0667 = 6,67\ \%$$

Aufgaben **74.** Ein Kreisel kann auf einem von 10 gleich großen, farbig markierten Sektoren (2 gelb, 3 blau, 5 rot) zum Liegen kommen. Er wird dreimal gedreht.

a) Zeichnen Sie ein entsprechendes Baumdiagramm mit den zugehörigen Wahrscheinlichkeiten.

b) Bestimmen Sie jeweils die Wahrscheinlichkeit der folgenden Ereignisse:
- „Der Kreisel zeigt die Farbfolge blau-rot-rot."
- „Der Kreisel bleibt immer auf blau liegen."
- „Der Kreisel bleibt immer auf der gleichen Farbe liegen."

75. Ein Würfel ist so manipuliert, dass sowohl 1 als auch 6 mit einer Wahrscheinlichkeit von 0,3 erscheinen, während 2, 3, 4 und 5 jeweils nur die Wahrscheinlichkeit 0,1 haben. Der Würfel wird fünfmal geworfen. Berechnen Sie ohne Verwendung eines Baumdiagramms die Wahrscheinlichkeit, dass

a) 12345

b) immer nur 1

c) nur beim ersten Wurf 1

d) genau einmal 1

gewürfelt wird.

76. In einer Schachtel befinden sich 50 Luftballons, von denen 20 rund und 20 länglich sind. Die restlichen bilden beim Aufblasen die Form eines Kopfes mit langen Hasenohren. Peter entnimmt der Schachtel dreimal hintereinander einen Ballon und bläst ihn auf, bis er zerplatzt.

a) Zeichnen Sie entsprechende Baumdiagramme mit den zugehörigen Wahrscheinlichkeiten, wobei
- nach allen drei Luftballonarten unterschieden wird.
- nur nach mit oder ohne Hasenohren unterschieden wird.

b) Bestimmen Sie die Wahrscheinlichkeit von:
- „Peter bläst nur längliche Ballons auf."
- „Der erste Ballon, den Peter aufbläst, hat Hasenohren."
- „Peter bläst genau einen Ballon mit Hasenohren auf."
- „Peter bläst höchstens einen Ballon mit Hasenohren auf."

77. Jens hat sich selbst einen „Glücksautomaten" gebaut. Dazu hat er auf einem Holzgestell drei Glücksräder drehbar befestigt.
Jens dreht nun jedes Rad und addiert die drei erdrehten Zahlen.

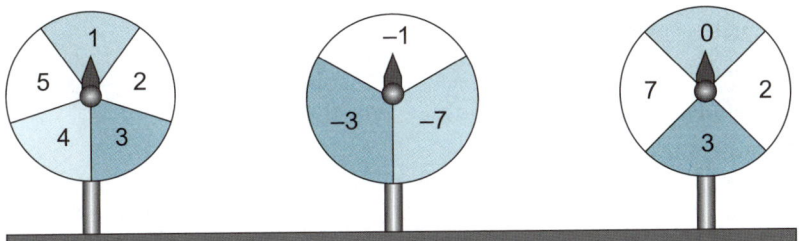

a) Geben Sie alle Ergebnisse an, die Jens erhalten kann.

b) Bestimmen Sie die Wahrscheinlichkeit, mit der Jens die größtmögliche Summe erhält.

c) Berechnen Sie die Wahrscheinlichkeit, mit der Jens 0 erhält.

d) Jens will nun mit seinen Freunden „richtig" spielen. Dabei sollen nur die Ergebnisse 0 und 11 einen Gewinn bringen, der für 0 und 11 gleich groß ist.
Überlegen Sie, welcher Betrag als Gewinn von 0 und 11 bei einem Spieleinsatz von 10 Cent gewählt werden muss, damit das Spiel fair ist (bei sehr vielen Spielen also niemand „geschädigt" wird). Begründen Sie Ihre Antwort.

78. Thomas weiß, dass er heute einen Test hat, aber weil es sich um Multiple-Choice-Aufgaben handelt und er sich für einen Glückspilz hält, hat er nichts gelernt, sondern verlässt sich ganz auf sein Rateglück. Im Test werden ihm 10 Fragen vorgelegt. Bei den ersten 5 Fragen (Teil 1) werden jeweils vier und bei den nächsten 5 Fragen (Teil 2) jeweils fünf mögliche Antworten angeboten, von denen immer nur eine richtig ist.
Berechnen Sie die Wahrscheinlichkeit, mit der Thomas

a) nur die ersten drei Fragen richtig beantwortet.

b) in beiden Teilen nur die jeweils ersten drei Fragen richtig hat.

c) in einem Teil alle Fragen richtig, im anderen Teil alle falsch hat.

d) alle Antworten richtig errät.

79. Herr Huber kann an keinem Spielautomaten vorbeigehen. Im Lokal bei ihm an der Ecke hängen gleich vier Spielautomaten nebeneinander. Herr Huber wirft bei jedem „Durchgang" der Reihe nach in jeden der Automaten die erforderliche Münze ein und setzt das Spiel in Bewegung. Die Gewinnwahrscheinlichkeiten an den Automaten betragen:

A: 0,1   B: 0,3   C: 0,1   D: 0,2

Bestimmen Sie die Wahrscheinlichkeit, mit der Herr Huber bei einem „Durchgang"

a) keinen

b) genau einen

c) höchstens einen

d) mindestens einen

Gewinn macht.

80. Katrin ist leidenschaftliche Basketball-spielerin. Trainiert sie ganz für sich allein, so trifft sie den Korb bei jedem Wurf mit einer Wahrscheinlichkeit von 80 %. Sobald jedoch andere zuschauen, wird sie nervös und so sinkt ihre Trefferwahrscheinlichkeit nach jedem Fehlwurf um 2 Prozentpunkte.

a) Berechnen Sie die Wahrscheinlichkeit, mit der Katrin, wenn sie allein trainiert und zehnmal auf den Korb wirft,
   - immer trifft.
   - nur beim ersten Wurf nicht trifft.
   - nur beim ersten und beim letzten Wurf nicht trifft.
   - nur bei den letzten beiden Würfen einmal nicht trifft.

b) Bestimmen Sie die Wahrscheinlichkeit, mit der Katrin, wenn sie „vor Publikum" zehnmal auf den Korb wirft,
   - nur beim ersten Wurf nicht trifft.
   - nur beim ersten und beim vierten Wurf nicht trifft.
   - nur bei den ersten sechs Würfen trifft.

10 Vierfeldertafel

Vierfeldertafeln sind Tabellen, die die absoluten Häufigkeiten bzw. Wahrscheinlichkeiten von zwei durch „und" miteinander verknüpften Ereignissen und ihren Gegenereignissen darstellen.

10.1 Vierfeldertafel mit absoluten Häufigkeiten

Paul wurde zum Sprecher der Jahrgangsstufe 12 gewählt. Seine erste „Amtshandlung" ist eine Umfrage unter allen Schülern seiner Jahrgangsstufe. Der Umfragebogen sieht so aus:

1. Bist du
   ☐ männlich   ☐ weiblich

2. Bist du bereit, Artikel für die Abizeitung zu schreiben?
   ☐ ja   ☐ nein

3. Hast du die letzte Deutschlektüre vollständig gelesen?
   ☐ ja   ☐ nein

4. Weißt du jetzt schon sicher, was du nach dem Abi machst?
   ☐ ja   ☐ nein

5. Bist du derzeit in der Lage, dich in mehr als 1 Fremdsprache verständlich auszudrücken?
   ☐ ja   ☐ nein

6. Macht es dir Spaß, Rätselaufgaben zu lösen?
   ☐ ja   ☐ nein

Weil die Mehrheit gerne Rätselaufgaben löst (123 Ja-Antworten bei Frage 6), will Paul es mit den Ergebnissen spannend machen. Daher gibt er nach der Umfrage keine Liste mit absoluten Häufigkeiten raus, sondern verrät:

- Die Umfragebögen wurden von allen 175 Schülern der Jahrgangsstufe 12 ausgefüllt zurückgegeben.

- Von den 105 Schülern, die bereit sind, Artikel für die Abizeitung zu schreiben, sind 65 Mädchen. 45 Jungen wollen keine Artikel schreiben.

- Von den 105 Schülern, die bereit sind, Artikel für die Abizeitung zu schreiben, haben 61 die letzte Deutschlektüre vollständig gelesen. 39 Schüler sind weder bereit, Artikel für die Abizeitung zu schreiben, noch haben sie die letzte Deutschlektüre vollständig gelesen.

- 77 Schüler wissen schon sicher, was sie nach dem Abitur machen werden. 41 Schüler können sich in mehr als 1 Fremdsprache verständlich ausdrücken. 86 Schüler wissen schon sicher, was sie nach dem Abitur machen werden, oder können sich in mehr als 1 Fremdsprache verständlich ausdrücken.

Paul stellt dann die folgenden Rätselfragen:

Frage 1: Wie viele Jungen sind bereit, Artikel für die Abizeitung zu schreiben?

Frage 2: Wie viele Mädchen besuchen die Jahrgangsstufe 12?

Frage 3: Wie viele Schüler haben die letzte Deutschlektüre vollständig gelesen?

Frage 4: Wie viele Schüler sind sich schon sicher, was sie nach dem Abitur machen, und können sich in mehr als 1 Fremdsprache verständlich ausdrücken?

Wie verschafft man sich über die gegebenen, auf den ersten Blick zum Teil komplexen Informationen leicht und schnell Übersicht? Wie können alle fehlenden absoluten Häufigkeiten ermittelt werden? Für solche und ähnliche Problemstellungen mit je zwei verknüpften Ereignissen eignet sich eine **Vierfeldertafel**.

Definition

Sind für die Ergebnismenge Ω zwei Ereignisse A und B definiert, so gehört jedes Ergebnis $\omega \in \Omega$ entweder A oder $\overline{A}$ und ebenso entweder B oder $\overline{B}$ an. Somit ist jedes Ergebnis $\omega \in \Omega$ in genau einer der folgenden vier Teilmengen enthalten:

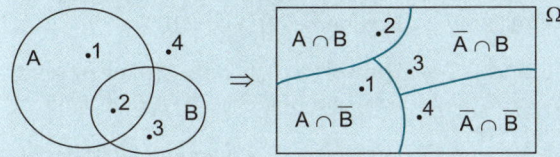

$\cap$ steht für „und", also $A \cap B$ für „A und B tritt zugleich ein".

Aus dieser Zerlegung der Ergebnismenge Ω entsteht die **Vierfeldertafel mit absoluten Häufigkeiten:**

	A	$\overline{A}$	
B	$|A \cap B|$	$|\overline{A} \cap B|$	$|B|$
$\overline{B}$	$|A \cap \overline{B}|$	$|\overline{A} \cap \overline{B}|$	$|\overline{B}|$
	$|A|$	$|\overline{A}|$	$|\Omega|$

In diese Vierfeldertafel werden die gegebenen absoluten Häufigkeiten eingetragen. **Die fehlenden Werte ergeben sich durch Addition bzw. Subtraktion in den einzelnen Zeilen und Spalten** (z. B. $|A \cap B| + |A \cap \overline{B}| = |A|$).

Beispiele

Lösen Sie nun Pauls Rätselfragen:
1. Beantworten Sie zunächst die Fragen 1 und 2

> Frage 1: Wie viele Jungen sind bereit, Artikel für die Abizeitung zu schreiben?
>
> Frage 2: Wie viele Mädchen besuchen die Jahrgangsstufe 12?

mithilfe einer Vierfeldertafel und mit den Informationen:

- Die Umfragebögen wurden von allen 175 Schülern der Jahrgangsstufe 12 ausgefüllt zurückgegeben.
- Von den 105 Schülern, die bereit sind, Artikel für die Abizeitung zu schreiben, sind 65 Mädchen. 45 Jungen wollen keine Artikel schreiben.

Lösung:

Man erstellt eine Vierfeldertafel für die beiden Ereignisse „Schüler ist weiblich" (Ereignis A) und „Schüler ist bereit, Artikel für die Abizeitung zu schreiben" (Ereignis B) und überlegt zunächst, welche Werte der Vierfeldertafel gegeben sind:

„Von allen 175 Schülern der Jahrgangsstufe"	→ Hinweis auf die Mächtigkeit der Ergebnismenge: $\lvert\Omega\rvert = 175$
„Von den 105 Schülern, die bereit sind, Artikel ... zu schreiben"	→ Hinweis auf die Mächtigkeit des Ereignisses B: $\lvert B\rvert = 105$
„Von den 105 Schülern ... sind 65 Mädchen"	→ Hinweis auf „bereit, Artikel zu schreiben, und Mädchen": $\lvert A \cap B\rvert = 65$
„45 Jungen wollen keine Artikel schreiben"	→ Hinweis auf „Junge und nicht bereit, Artikel zu schreiben: $\lvert \overline{A} \cap \overline{B}\rvert = 45$

Man erhält:

	A = weiblich	$\overline{A}$ = männlich	
B = bereit	$\lvert A \cap B\rvert = 65$	$\lvert \overline{A} \cap B\rvert = \mathbf{40}$	$\lvert B\rvert = 105$
$\overline{B}$ = nicht bereit	$\lvert A \cap \overline{B}\rvert = \mathbf{25}$	$\lvert \overline{A} \cap \overline{B}\rvert = 45$	$\lvert \overline{B}\rvert = \mathbf{70}$
	$\lvert A\rvert = \mathbf{90}$	$\lvert \overline{A}\rvert = \mathbf{85}$	$\lvert\Omega\rvert = 175$

Dabei sind die farbig gedruckten absoluten Häufigkeiten durch Addition bzw. Subtraktion aus den gegebenen absoluten Häufigkeiten berechnet (obere Zeile: $105 - 65 = \mathbf{40}$, rechte Spalte: $175 - 105 = \mathbf{70}$, mittlere Spalte: $\mathbf{40} + 45 = \mathbf{85}$, mittlere Zeile: $\mathbf{70} - 45 = \mathbf{25}$, linke Spalte: $65 + \mathbf{25} = \mathbf{90}$).

Um nicht unnötig Zeit mit Schreibarbeiten zu vertun, verkürzt man die obige Vierfeldertafel. Da ihr Aufbau stets derselbe ist (in den Rändern die Gesamtzahlen, in den vier Mittelfeldern die Mächtigkeiten der jeweiligen Schnittmengen), gehen dadurch keine Informationen verloren. Sie sieht dann so aus:

	weiblich	männlich	
bereit	65	**40**	105
nicht bereit	**25**	45	**70**
	90	85	175

Die Antworten auf Pauls Fragen 1 und 2 lassen sich nun ablesen.

Antwort 1: 40 Jungen sind bereit, Artikel für die Abizeitung zu schreiben.

Antwort 2: In Jahrgangsstufe 12 sind 90 Mädchen.

2. Beantworten Sie nun Frage 3

> Frage 3: Wie viele Schüler haben die letzte Deutschlektüre vollständig
>
> gelesen?

mithilfe einer Vierfeldertafel und mit den Informationen:

- Die Umfragebögen wurden von allen 175 Schülern der Jahrgangsstufe 12 ausgefüllt zurückgegeben.
- Von den 105 Schülern, die bereit sind, Artikel für die Abizeitung zu
  schreiben, haben 61 die letzte Deutschlektüre vollständig gelesen.
  39 Schüler sind weder bereit, Artikel für die Abizeitung zu schreiben,
  noch haben sie die letzte Deutschlektüre vollständig gelesen.

Lösung:
Man betrachtet in der Vierfeldertafel die beiden Ereignisse „Deutschlektüre vollständig gelesen" (Ereignis C) und „bereit, Artikel für die Abizeitung zu schreiben" (Ereignis B).

Informationen:

„von allen 175 Schülern der Jahrgangsstufe"	$\rightarrow$ Hinweis auf die Mächtigkeit der Ergebnismenge: $\lvert\Omega\rvert=175$
„von den 105 Schülern, die bereit sind, Artikel ... zu schreiben"	$\rightarrow$ Hinweis auf die Mächtigkeit des Ereignisses B: $\lvert B\rvert=105$
„von den 105 Schülern ... haben 61 ... gelesen"	$\rightarrow$ Hinweis auf „bereit, Artikel zu schreiben, und gelesen": $\lvert B\cap C\rvert=61$
„39 ... weder bereit, Artikel ... zu schreiben, noch ... gelesen"	$\rightarrow$ Hinweis auf „nicht bereit und nicht gelesen": $\lvert\overline{B}\cap\overline{C}\rvert=39$

Man erhält:

	$C=$ Lektüre vollständig gelesen	$\overline{C}=$ Lektüre nicht vollständig gelesen	
$B=$ bereit	61	**44**	105
$\overline{B}=$ nicht bereit	**31**	39	**70**
	92	**83**	175

Die berechneten Werte sind wiederum farbig gedruckt.

Antwort 3: 92 Schüler haben die letzte Deutschlektüre vollständig gelesen.

3. Nun ist noch die Antwort auf Pauls Frage 4 gesucht:

> Frage 4: Wie viele Schüler sind sich schon sicher, was sie nach dem
> Abitur machen, und können sich in mehr als 1 Fremdsprache
> verständlich ausdrücken?

Dazu liefert Paul die Informationen:

- Die Umfragebögen wurden von allen 175 Schülern der Jahrgangsstufe 12 ausgefüllt zurückgegeben.
- 77 Schüler wissen schon sicher, was sie nach dem Abitur machen
  werden. 41 Schüler können sich in mehr als 1 Fremdsprache verständlich ausdrücken. 86 Schüler wissen schon sicher, was sie nach
  dem Abitur machen werden, oder können sich in mehr als 1 Fremdsprache verständlich ausdrücken.

Lösung:
Hier geht es um die beiden Ereignisse „wissen schon, was sie machen werden" (Ereignis D) und „mehr als 1 Fremdsprache" (Ereignis E).
Es ist zu beachten, dass mit „86 Schüler wissen schon sicher, was sie nach
dem Abitur machen werden, **oder** können sich in mehr als 1 Fremdsprache verständlich ausdrücken" die Mächtigkeit der **Vereinigungsmenge
der beiden Ereignisse** gegeben ist, also $|D \cup E| = 86$.

Wegen

$$D \cup E = (D \cap \overline{E}) \cup (D \cap E) \cup (\overline{D} \cap E)$$

gilt:

$$\overline{D} \cap \overline{E} = \overline{D \cup E}$$

Und somit:

$$|\overline{D} \cap \overline{E}| = |\Omega| - |D \cup E| = 175 - 86 = 89$$

Weitere Informationen:

„von allen 175 Schülern der
Jahrgangsstufe"

→ Hinweis auf die Mächtigkeit der
Ergebnismenge: $|\Omega| = 175$

„77 Schüler wissen sicher"

→ Hinweis auf Mächtigkeit des Ereig-
nisses D: $|D| = 77$

„41 Schüler können ... mehr als
1 Fremdsprache"

→ Hinweis auf Mächtigkeit des Ereig-
nisses E: $|E| = 41$

Für die Vierfeldertafel ergibt sich somit:

	D = wissen schon, was sie machen werden	$\overline{D}$ = wissen noch nicht, was sie machen werden	
E = mehr als 1 Fremdsprache	**32**	**9**	41
$\overline{E}$ = höchstens 1 Fremdsprache	**45**	89	**134**
	77	**98**	175

Auch hier sind die berechneten Werte wiederum farbig gedruckt.

Antwort 4: 32 Schüler sind sich schon sicher, was sie nach dem Abitur machen, und können sich in mehr als 1 Fremdsprache verständlich ausdrücken.

Aufgaben

81. Nach Zeitungsberichten steigt die Zahl der Allergiker stetig an. Bei einer Befragung gaben 78 von den 234 befragten Männern an, mitunter allergisch zu reagieren. Von den 296 befragten Frauen „outeten" sich 149 als allergisch.

a) Bestimmen Sie die Zahl der befragten, nicht allergischen Frauen mithilfe einer Vierfeldertafel.

b) Berechnen Sie den Prozentsatz, mit dem eine unter den Befragten zufällig herausgesuchte Person männlich und nicht allergisch ist.

82. „Twitter wird immer älter" titelt eine Zeitung und schreibt dazu:

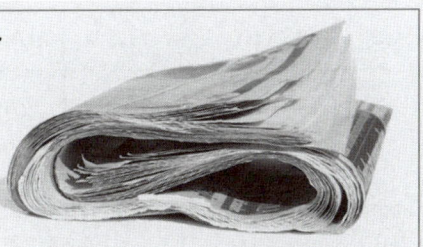

...Von den 2 500 Lesern, die wir befragten, sind 1360 älter als 40 Jahre. Dennoch nutzen 734 von ihnen regelmäßig Twitter.

Bei den Jüngeren rufen 987 regelmäßig Twitter auf...

a) Fertigen Sie eine Vierfeldertafel und bestimmen Sie, wie viele der Jüngeren Twitter nicht (oder nicht regelmäßig) aufrufen.

b) Berechnen Sie, wie hoch der Prozentsatz der Twitter-Nutzer insgesamt ist.

83. Marco besitzt eine Pizzeria. Er stellt anhand der Abrechnungen fest, dass am vergangenen Wochenende 678 Leute in seinem Lokal waren. 399 Gäste haben Pizza gegessen, 244 haben Wein getrunken und 575 Gäste haben Pizza gegessen oder Wein getrunken.

a) Geben Sie an, wie viele Gäste weder Pizza gegessen noch Wein getrunken haben.

b) Bestimmen Sie, wie viele Gäste zur Pizza Wein getrunken haben.

10.2 Vierfeldertafel mit Wahrscheinlichkeiten

Jede Vierfeldertafel mit absoluten Häufigkeiten lässt sich in eine Vierfeldertafel mit relativen Häufigkeiten verwandeln, indem die Werte in den Zellen durch die Gesamtzahl $|\Omega|$ geteilt werden.

Beispiel   Vierfeldertafel mit absoluten Häufigkeiten:

	A	$\overline{A}$	
B	73	47	120
$\overline{B}$	35	45	80
	108	92	200

Vierfeldertafel mit relativen Häufigkeiten:

	A	$\overline{A}$	
B	$h(A \cap B) = \frac{73}{200} = 36{,}5\%$	$h(\overline{A} \cap B) = \frac{47}{200} = 23{,}5\%$	$h(B) = \frac{120}{200} = 60\%$
$\overline{B}$	$h(A \cap \overline{B}) = \frac{35}{200} = 17{,}5\%$	$h(\overline{A} \cap \overline{B}) = \frac{45}{200} = 22{,}5\%$	$h(\overline{B}) = \frac{80}{200} = 40\%$
	$h(A) = \frac{108}{200} = 54\%$	$h(\overline{A}) = \frac{92}{200} = 46\%$	$h(\Omega) = \frac{200}{200} = 100\%$

Entsprechend gilt für eine **Vierfeldertafel mit Wahrscheinlichkeiten:**

	A	$\overline{A}$	
B	$P(A \cap B)$	$P(\overline{A} \cap B)$	$P(B)$
$\overline{B}$	$P(A \cap \overline{B})$	$P(\overline{A} \cap \overline{B})$	$P(\overline{B})$
	$P(A)$	$P(\overline{A})$	$P(\Omega) = 100\%$

Wie bei einer Vierfeldertafel mit absoluten Häufigkeiten werden auch hier die gegebenen Wahrscheinlichkeiten eingetragen und die fehlenden Werte durch Addition bzw. Subtraktion in den einzelnen Zeilen und Spalten ermittelt.

Beispiel

Eine Umfrage, an der zu 56 % Frauen teilgenommen haben, hat ergeben, dass die Wahrscheinlichkeit, dass eine Frau keinen Fisch essen mag, bei nur 14 % liegt, während die Wahrscheinlichkeit, keinen Fisch zu mögen, bei einem Mann bei 29 % liegt.
Bestimmen Sie die Wahrscheinlichkeit, mit der Fisch gegessen wird.

Lösung:

	weiblich	männlich	
isst Fisch	**42 %**	**15 %**	**57 %**
isst keinen Fisch	14 %	29 %	**43 %**
	56 %	**44 %**	100 %

57 % der Befragten essen Fisch.

Aufgaben

84. Eine Befragung unter 15-Jährigen hat ergeben, dass 83 % von ihnen über einen eigenen Internetzugang (über PC oder Smartphone) verfügen. 76 % der 15-Jährigen nutzen das Internet täglich. 7 % haben keinen eigenen Internetzugang und nutzen dennoch täglich das Internet.
Bestimmen Sie die Wahrscheinlichkeit, mit der ein 15-Jähriger einen eigenen Internetzugang hat, diesen jedoch nicht täglich nutzt.

85. Viele Oberstufenschüler sind über zusätzliche Unterstützung im Fach Mathematik sehr dankbar. Nur 20 % der Schüler haben einen Nachhilfelehrer. Dennoch benutzen 40 % dieser Schüler daneben auch noch Trainingsbücher. Nur 3 % der Schüler lassen sich weder von einem Nachhilfelehrer noch von Trainingsbüchern unterstützen.
Berechnen Sie die Wahrscheinlichkeit, mit der ein Schüler zwar keinen Nachhilfelehrer, jedoch die Unterstützung durch Trainingsbücher hat.

86. 74 % der Deutschen ab 14 Jahre informieren sich über das Tagesgeschehen im Fernsehen, 43 % in einer Tageszeitung. 82 % benutzen das Fernsehen oder eine Tageszeitung, um sich auf dem Laufenden zu halten.
Bestimmen Sie die Wahrscheinlichkeit, mit der sich jemand seine Informationen aus dem Fernsehen, nicht aber aus einer Tageszeitung holt.

10.3 Vierfeldertafel und Baumdiagramm

Aus den Angaben jeder Vierfeldertafel mit Wahrscheinlichkeiten lassen sich zwei Baumdiagramme mit den entsprechenden Wahrscheinlichkeiten zeichnen. Die beiden Baumdiagramme unterscheiden sich durch die Reihenfolge der beiden Ereignisse.

Beispiel

	A	$\overline{A}$	
B	$P(A \cap B) = 20\,\%$	$P(\overline{A} \cap B) = 40\,\%$	$P(B) = 60\,\%$
$\overline{B}$	$P(A \cap \overline{B}) = 10\,\%$	$P(\overline{A} \cap \overline{B}) = 30\,\%$	$P(\overline{B}) = 40\,\%$
	$P(A) = 30\,\%$	$P(\overline{A}) = 70\,\%$	$P(\Omega) = 100\,\%$

Im ersten Baumdiagramm legt Ereignis A die 1., Ereignis B die 2. Stufe fest:

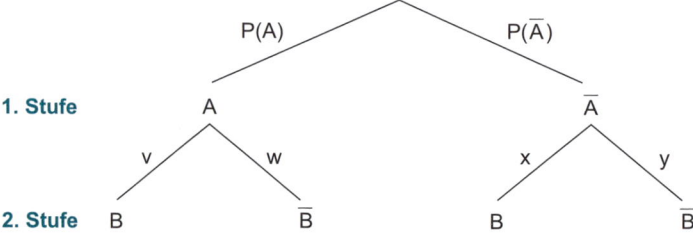

Im zweiten Baumdiagramm legt Ereignis B die 1., Ereignis A die 2. Stufe fest:

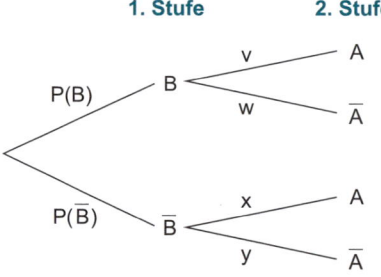

Sollen die Baumdiagramme durch die entsprechenden Wahrscheinlichkeiten ergänzt werden, so lassen sich die Wahrscheinlichkeiten der 1. Stufe unmittelbar aus der Vierfeldertafel ablesen.
Da die Wahrscheinlichkeiten in der Mitte der Vierfeldertafel jeweils die Wahrscheinlichkeiten von Schnittmengen sind (im Baumdiagramm also am Ende der vier Äste auftauchen), lassen sich die fehlenden Wahrscheinlichkeiten v, w, x, y der 2. Stufe mithilfe der 1. Pfadregel berechnen.

Für das erste Baumdiagramm gilt:

$$P(A \cap B) = 20\% \quad \Rightarrow \quad 30\% \cdot v = 20\% \quad \Rightarrow \quad v = \frac{0,2}{0,3} = \frac{2}{3}$$

$$P(A \cap \overline{B}) = 10\% \quad \Rightarrow \quad 30\% \cdot w = 10\% \quad \Rightarrow \quad w = \frac{0,1}{0,3} = \frac{1}{3}$$

$$P(\overline{A} \cap B) = 40\% \quad \Rightarrow \quad 70\% \cdot x = 40\% \quad \Rightarrow \quad x = \frac{0,4}{0,7} = \frac{4}{7}$$

$$P(\overline{A} \cap \overline{B}) = 30\% \quad \Rightarrow \quad 70\% \cdot y = 30\% \quad \Rightarrow \quad y = \frac{0,3}{0,7} = \frac{3}{7}$$

Das vollständige Baumdiagramm hat damit die Form:

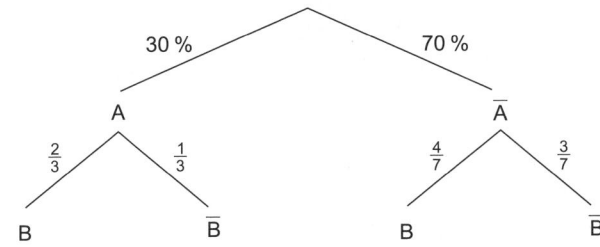

Auch beim zweiten Baumdiagramm müssen die fehlenden Wahrscheinlichkeiten v, w, x, y der 2. Stufe mithilfe der 1. Pfadregel berechnet werden:

$$P(A \cap B) = 20\% \quad \Rightarrow \quad 60\% \cdot v = 20\% \quad \Rightarrow \quad v = \frac{0,2}{0,6} = \frac{1}{3}$$

$$P(\overline{A} \cap B) = 40\% \quad \Rightarrow \quad 60\% \cdot w = 40\% \quad \Rightarrow \quad w = \frac{0,4}{0,6} = \frac{2}{3}$$

$$P(A \cap \overline{B}) = 10\% \quad \Rightarrow \quad 40\% \cdot x = 10\% \quad \Rightarrow \quad x = \frac{0,1}{0,4} = \frac{1}{4}$$

$$P(\overline{A} \cap \overline{B}) = 30\% \quad \Rightarrow \quad 40\% \cdot y = 30\% \quad \Rightarrow \quad y = \frac{0,3}{0,4} = \frac{3}{4}$$

Das vollständige Baumdiagramm hat damit die Form:

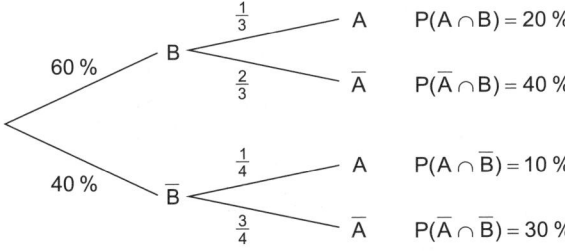

Aufgaben　**87.** Franz hat zwar wieder einmal in der Schule nicht wirklich aufgepasst, aber trotzdem die Hausaufgabe gemacht. Sie lautet:

> Verwandeln Sie die Vierfeldertafel
>
> | | A | A̅ | |
> |---|---|---|---|
> | B | 30 % | 50 % | 80 % |
> | B̅ | 5 % | 15 % | 20 % |
> | | 35 % | 65 % | 100 % |
>
> in ein Baumdiagramm mit Wahrscheinlichkeiten.

Am nächsten Tag zeigt Franz seine Lösung (Abbildung rechts) ganz stolz seinem Freund Max.
„Das ist aber falsch", meint Max gleich. Da Franz völlig verständnislos schaut, erklärt Max ihm, was nicht stimmt. Übernehmen Sie die Rolle von Max, verbessern Sie das Baumdiagramm und erläutern Sie Ihr Vorgehen.

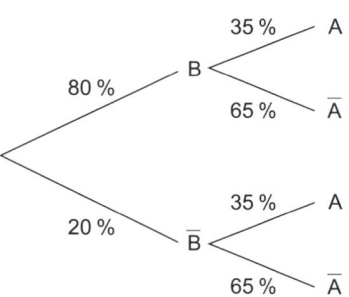

88. Gegeben ist das Baumdiagramm:

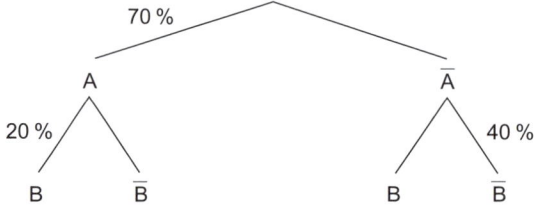

Stellen Sie die zugehörige Vierfeldertafel auf.

89. Bei einer Umfrage (51 % der Beteiligten weiblich) geben 33 % der Männer und 49 % der Frauen an, über das Handy regelmäßig soziale Netzwerke zu nutzen.

a) Fertigen Sie eine Vierfeldertafel an.

b) Zeichnen Sie die beiden zugehörigen Baumdiagramme.
Vermerken Sie in den Baumdiagrammen an allen Pfaden die entsprechenden Wahrscheinlichkeiten.

11 Bedingte Wahrscheinlichkeit

Mit Sicherheit kennen auch Sie einige Witze, die auf dem Schema beruhen, eine bestimmte Personengruppe als sehr dumm darzustellen (sogenannte Ostfriesen-witze, Blondinenwitze usw.). Alle lachen über die Witze, obwohl jeder weiß, dass es derartige Zusammenhänge nicht gibt. Nur weil man ein Ostfriese oder blond ist, ist man noch lange nicht dumm. Dass es aber auch Eigenschaften gibt, die sich gegenseitig beeinflussen, zeigen die beiden nachfolgenden Grafiken.

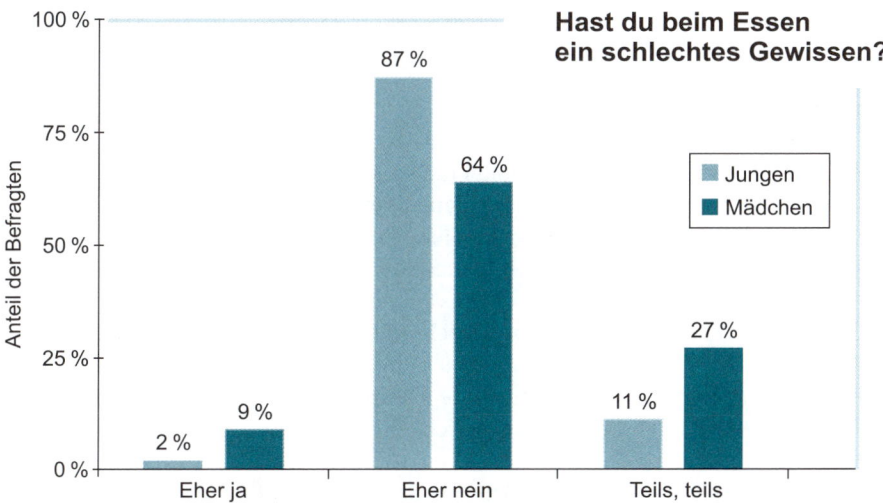

Grafik 1: Befragung von Personen zwischen 11 und 17 Jahren

Aus Grafik 1 kann Folgendes abgelesen werden:

1. **Wenn** eine zwischen 11 und 17 Jahre alte Person in Deutschland **männlich** ist, so beträgt die Wahrscheinlichkeit, dass sie beim Essen
   - eher ein schlechtes Gewissen hat, 2 %.
   - eher kein schlechtes Gewissen hat, 87 %.
   - zum Teil ein schlechtes Gewissen hat, 11 %.
2. **Wenn** eine zwischen 11 und 17 Jahre alte Person in Deutschland **weiblich** ist, so beträgt die Wahrscheinlichkeit, dass sie beim Essen
   - eher ein schlechtes Gewissen hat, 9 %.
   - eher kein schlechtes Gewissen hat, 64 %.
   - zum Teil ein schlechtes Gewissen hat, 27 %.

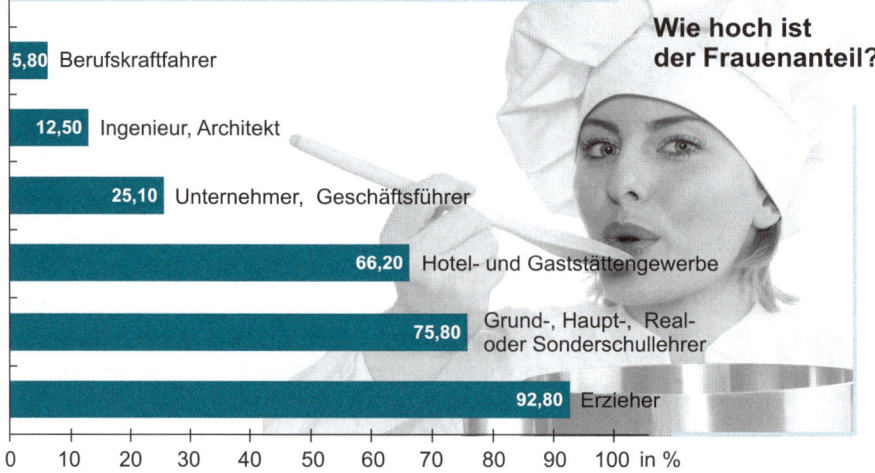

Grafik 2: Befragung von Personen in Deutschland

Aus Grafik 2 kann man ablesen:

1. **Wenn** jemand in Deutschland **Berufskraftfahrer** ist, so beträgt die Wahrscheinlichkeit, dass es sich um eine Frau handelt, 5,8 %.
2. **Wenn** jemand in Deutschland **Ingenieur oder Architekt** ist, so beträgt die Wahrscheinlichkeit, dass es sich um eine Frau handelt, 12,5 %.
3. **Wenn** jemand in Deutschland **Unternehmer oder Geschäftsführer** ist, so beträgt die Wahrscheinlichkeit, dass es sich um eine Frau handelt, 25,1 %.
4. **Wenn** jemand in Deutschland **im Hotel- oder Gaststättengewerbe** tätig ist, so beträgt die Wahrscheinlichkeit, dass es sich um eine Frau handelt, 66,2 %.
5. **Wenn** jemand in Deutschland **Grund-, Haupt-, Real- oder Sonderschullehrer** ist, so beträgt die Wahrscheinlichkeit, dass es sich um eine Frau handelt, 75,8 %.
6. **Wenn** jemand in Deutschland **Erzieher** ist, so beträgt die Wahrscheinlichkeit, dass es sich um eine Frau handelt, 92,8 %.

Alle in den beiden Grafiken ablesbaren Wahrscheinlichkeiten gelten immer nur dann für das jeweilige Ereignis, **wenn eine bestimmte Bedingung erfüllt ist**. Bei der ersten Grafik gelten die angegebenen Wahrscheinlichkeiten nur, **falls** es sich um einen Jungen handelt (helle Säule) bzw. **falls** es sich um ein Mädchen handelt (dunkle Säule). Bei der zweiten Grafik geht es stets um die Wahrscheinlichkeit, mit der die ausgewählte Person eine Frau ist, jedoch nur, **wenn** sie den jeweiligen Beruf ausübt.

Definition
> Sind bei einem Zufallsexperiment zwei Ereignisse A und B definiert, so nennt man die Wahrscheinlichkeit, mit der B eintritt, falls A schon eingetreten ist, die **bedingte Wahrscheinlichkeit $P_A(B)$**.
>
> Sprich: Die Wahrscheinlichkeit von B unter der Bedingung A.

Bei bedingten Wahrscheinlichkeiten handelt es sich also immer um Wahrscheinlichkeiten, die sich nicht auf ganz Ω, sondern immer nur auf eine Teilmenge (nämlich diejenige, die die Bedingung erfüllt) beziehen.

Beispiele

1. Beschreiben Sie die Werte 87 % und 27 % aus Grafik 1 als bedingte Wahrscheinlichkeiten.

   Lösung:

   87 % = $P_{\text{männlich}}$(eher kein schlechtes Gewissen beim Essen)

   27 % = P_{weiblich}(zum Teil ein schlechtes Gewissen beim Essen)

2. Beschreiben Sie die Werte 12,5 % und 92,8 % aus Grafik 2 als bedingte Wahrscheinlichkeiten.

   Lösung:

   12,5 % = $P_{\text{Ingenieur oder Architekt}}$(Frau)

   92,8 % = P_{Erzieher}(Frau)

3. Eine Firma hat einen neuen Energy-Drink auf den Markt gebracht. Laut Umfrage sollen 46 % der Frauen und 61 % der Männer ihn schon probiert haben.
   Geben Sie die Wahrscheinlichkeiten, die im Text gegeben sind, als bedingte Wahrscheinlichkeiten an.

   Lösung:

   46 % = P_{weiblich}(Energy-Drink schon probiert)

   61 % = $P_{\text{männlich}}$(Energy-Drink schon probiert)

Regel	Achten Sie genau auf den Unterschied zwischen $P_A(B)$ und $P(A \cap B)$:

- $P_A(B)$ ist die Wahrscheinlichkeit, dass B eintritt, falls A schon eingetreten ist.
- $P(A \cap B)$ ist die Wahrscheinlichkeit, dass A und B zugleich eintreten.

Beispiele

1. In einem Blumenstrauß sind Tulpen, Ranunkeln und Freesien. 40 % der Tulpen sind gelb. Von den weißen Blumen sind 50 % Freesien. Die roten Ranunkeln machen 20 % des Straußes aus.
   Geben Sie bei jedem Prozentsatz an, um welche Wahrscheinlichkeit es sich handelt.

   Lösung:

   $40\,\% = P_{\text{Tulpen}}(\text{gelb})$ — Die Blume muss eine Tulpe sein, diese ist dann gelb.

   $50\,\% = P_{\text{weiß}}(\text{Freesien})$ — Die Blume muss weiß sein, diese ist dann eine Freesie.

   $20\,\% = P(\text{Ranunkeln} \cap \text{rot})$ — Die Blume muss eine Ranunkel und rot sein.

2. 12 % einer Testgruppe sind Männer, die keinen Sport treiben. Die Frage „Treiben Sie Sport?" beantworten 31 % der Frauen mit JA.
   Schreiben Sie bei beiden Prozentsätzen auf, welche Wahrscheinlichkeit angegeben wird.

   Lösung:

   $12\,\% = P(\text{Mann} \cap \text{treibt keinen Sport})$ — Unter allen Personen der Testgruppe ist die Person männlich und treibt keinen Sport.

   $31\,\% = P_{\text{Frau}}(\text{treibt Sport})$ — Frage wird nur von Frauen beantwortet.

Wie lässt sich nun eine bedingte Wahrscheinlichkeit berechnen? Gibt es dafür eine Formel? Ja, und sie lässt sich ganz leicht über die 1. Pfadregel herleiten, was Ihnen der folgende Abschnitt über Jakob und seine Recherche für die Schülerzeitung zeigt.

Jakob will für die Schülerzeitung einen Artikel über die Kaufgewohnheiten am Pausenstand schreiben. Er erkundigt sich bei den in der Schlange stehenden Schülern (55 % Jungen), ob sie sich ein Getränk kaufen wollen. 70 % der Jungen bejahen diese Frage. Jakob findet auch heraus: 27 % der Befragten sind Mädchen, die sich ein Getränk kaufen wollen. Jakobs Freund Florian, der versprochen hat, beim Schreiben des Artikels zu helfen, fertigt aus diesen Angaben ein Baumdiagramm mit den gegebenen Wahrscheinlichkeiten an.

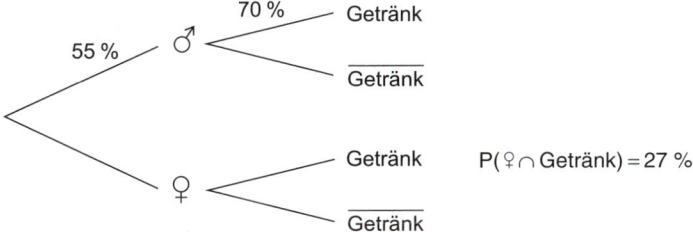

Da die Summe der Wahrscheinlichkeiten an jedem Verzweigungspunkt 100 % ergeben muss, ergänzt Jakob:

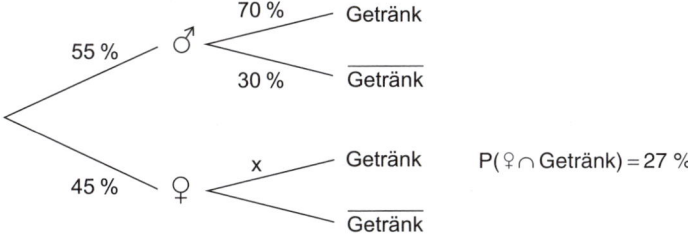

Nun fällt Florian ein, dass er **mit der 1. Pfadregel** (siehe auch Kapitel 9 und 10) weitermachen kann:

45 % · x = 27 % $\Rightarrow$ x = 0,27 : 0,45 = 0,6 = 60 %

Jakob stellt fest: „Aber **x** ist doch die Wahrscheinlichkeit, mit der ein Mädchen ein Getränk kaufen will, also $P_♀(\text{Getränk})$."

Damit haben Jakob und Florian nicht nur das Baumdiagramm vervollständigt,

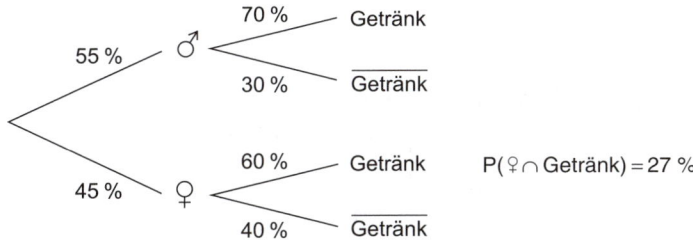

sondern auch noch erkannt, dass

$$P(♀) \cdot P_♀(\text{Getränk}) = P(♀ \cap \text{Getränk})$$

und somit gilt:

$$P_♀(\text{Getränk}) = \frac{P(♀ \cap \text{Getränk})}{P(♀)}$$

Definition

Sind A und B zwei (nicht unmögliche) Ereignisse eines Zufallsexperiments, so gilt für die **bedingten Wahrscheinlichkeiten** $P_A(B)$ und $P_B(A)$:

$$P_A(B) = \frac{P(A \cap B)}{P(A)} \qquad \text{Wahrscheinlichkeit von B unter der Bedingung A}$$

$$P_B(A) = \frac{P(A \cap B)}{P(B)} \qquad \text{Wahrscheinlichkeit von A unter der Bedingung B}$$

Im Baumdiagramm können Sie nur eine der beiden bedingten Wahrscheinlichkeiten direkt ablesen, nämlich die, bei der die Bedingung in der 1. Stufe des Baumdiagramms steht. Doch auch die andere bedingte Wahrscheinlichkeit ist im Baumdiagramm versteckt. Wo? Dies wird anhand von Jakobs und Florians Baumdiagramm erläutert.

In Jakobs und Florians Fall steht in der 1. Stufe des Baumdiagramms das Geschlecht der befragten Person. Somit sind die bedingten Wahrscheinlichkeiten $P_♀(\text{Getränk}) = 60\,\%$, $P_♀(\overline{\text{Getränk}}) = 40\,\%$, $P_♂(\text{Getränk}) = 70\,\%$, $P_♂(\overline{\text{Getränk}}) = 30\,\%$ direkt in der 2. Stufe des Baumdiagramms ablesbar.

Aber wie steht es z. B. mit der bedingten Wahrscheinlichkeit $P_{\text{Getränk}}(♀)$? Das ist die Wahrscheinlichkeit, mit der es sich um ein Mädchen handelt, wenn man weiß, dass sich die befragte Person ein Getränk kaufen will.

Nach der Formel für die bedingte Wahrscheinlichkeit gilt:

$$P_{\text{Getränk}}(♀) = \frac{P(\text{Getränk} \cap ♀)}{P(\text{Getränk})} = \frac{P(♀ \cap \text{Getränk})}{P(\text{Getränk})}$$

Da $P(♀ \cap \text{Getränk}) = 27\,\%$ bekannt ist, ist für die Berechnung von $P_{\text{Getränk}}(♀)$ nur noch $P(\text{Getränk})$ nötig, aber diese Wahrscheinlichkeit ist weder gegeben noch steht sie im Baumdiagramm. Dennoch lässt sie sich mithilfe des Baumdiagramms berechnen, denn es gilt:

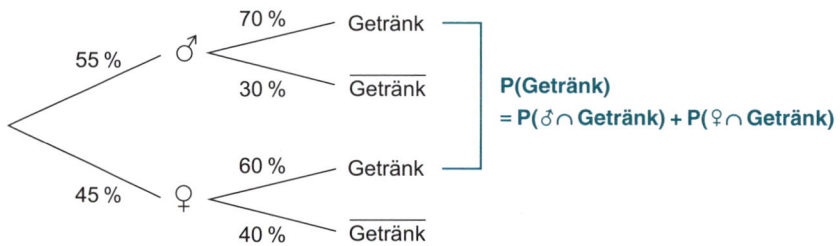

Also:

$P(\text{Getränk}) = 0{,}55 \cdot 0{,}7 + 0{,}45 \cdot 0{,}6 = 0{,}655 = 65{,}5\,\%$

Damit gilt:

$$P_{\text{Getränk}}(♀) = \frac{P(♀ \cap \text{Getränk})}{P(\text{Getränk})} = \frac{0{,}27}{0{,}655} \approx 0{,}4122 = 41{,}22\,\%$$

Zusammengefasst ergibt sich:

Regel

In einem Baumdiagramm mit Wahrscheinlichkeiten stehen bei der 2. Stufe stets bedingte Wahrscheinlichkeiten (Wahrscheinlichkeit für B bzw. $\overline{B}$ unter der Bedingung A bzw. $\overline{A}$).
Die Wahrscheinlichkeiten für B bzw. $\overline{B}$ ergeben sich durch Addition der entsprechenden Schnittmengen-Wahrscheinlichkeiten.

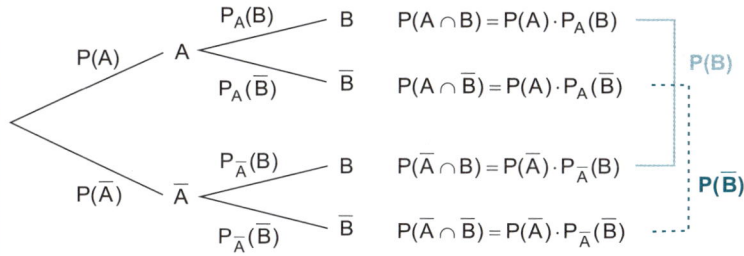

Für die bedingten Wahrscheinlichkeiten gilt:

$$P_A(B) = \frac{P(A \cap B)}{P(A)}$$

$$P_{\overline{A}}(B) = \frac{P(\overline{A} \cap B)}{P(\overline{A})}$$

$$P_B(A) = \frac{P(A \cap B)}{P(B)} = \frac{P(A \cap B)}{P(A \cap B) + P(\overline{A} \cap B)}$$

$$P_{\overline{B}}(A) = \frac{P(A \cap \overline{B})}{P(\overline{B})} = \frac{P(A \cap \overline{B})}{P(A \cap \overline{B}) + P(\overline{A} \cap \overline{B})}$$

Beispiele

1. 60 % der Gäste eines Hotels sind Geschäftsleute, von denen 70 % auch das Hotelrestaurant nutzen. Insgesamt wird das Restaurant von 52 % der Hotelgäste besucht.

   a) Fertigen Sie ein Baumdiagramm mit Wahrscheinlichkeiten an.

   b) Berechnen Sie die Wahrscheinlichkeit, mit der
      - ein Hotelgast weder Geschäftsmann ist noch das Restaurant besucht.
      - ein Hotelgast, der das Restaurant besucht, kein Geschäftsmann ist.
      - ein Hotelgast, der das Restaurant nicht besucht, ein Geschäftsmann ist.

Lösung:

a) Mit G: „Gast ist Geschäftsmann" und R: „Gast geht ins Restaurant"
   ergibt sich zunächst:

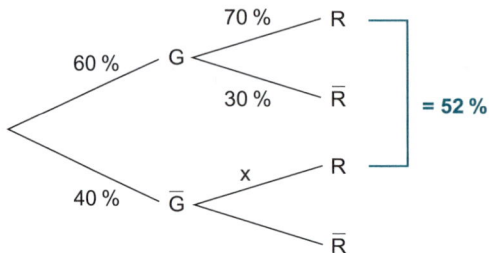

Wegen

$$P(R) = P(G \cap R) + P(\overline{G} \cap R) = 0,6 \cdot 0,7 + 0,4 \cdot x$$

gilt:

$$0,52 = 0,42 + 0,4x$$
$$0,1 = 0,4x$$
$$x = 0,25$$

Somit ergibt sich das Baumdiagramm:

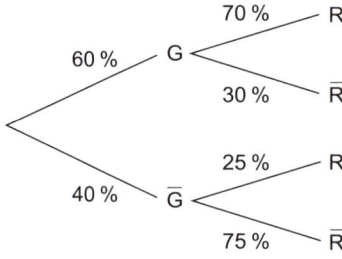

b) • P(weder Geschäftsmann noch Restaurantbesucher)
   $= P(\overline{G} \cap \overline{R}) = 0,4 \cdot 0,75 = 0,3 = 30\,\%$

   • P(Hotelgast, der Restaurant besucht, ist kein Geschäftsmann)

   $= P_R(\overline{G}) = \dfrac{P(R \cap \overline{G})}{P(R)} = \dfrac{P(\overline{G} \cap R)}{P(R)} = \dfrac{0,4 \cdot 0,25}{0,52} \approx 0,1923 = 19,23\,\%$

   • P(Hotelgast, der Restaurant nicht besucht, ist Geschäftsmann)

   $= P_{\overline{R}}(G) = \dfrac{P(\overline{R} \cap G)}{P(\overline{R})} = \dfrac{P(G \cap \overline{R})}{P(\overline{R})} = \dfrac{0,6 \cdot 0,3}{1 - 0,52} = 0,375 = 37,5\,\%$

2.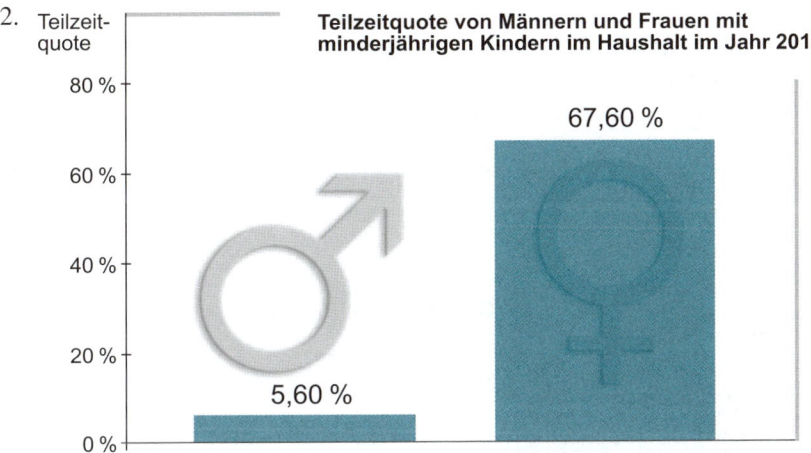

    Teilzeit-
    quote

a) Stellen Sie die Daten dieser Statistik in einem Baumdiagramm mit Wahrscheinlichkeiten dar. Dabei gilt: 66 % der Erwerbstätigen mit minderjährigen Kindern sind Männer.

b) Bestimmen Sie die Wahrscheinlichkeit, mit der
   - ein Erwerbstätiger in Teilzeit ist.
   - ein Erwerbstätiger eine Frau in Teilzeit ist.
   - ein Teilzeitbeschäftigter eine Frau ist.

Lösung:

a)

```
                    5,6 %        Teilzeit
        66 %    ♂ <
                    94,4 %    ‾‾‾‾‾‾‾‾
                             Teilzeit

                    67,6 %       Teilzeit
        34 %    ♀ <
                    32,4 %    ‾‾‾‾‾‾‾‾
                             Teilzeit
```

b) • $P(\text{Teilzeit}) = P(♂ \cap \text{Teilzeit}) + P(♀ \cap \text{Teilzeit})$
   $$= 0,66 \cdot 0,056 + 0,34 \cdot 0,676 = 0,2668 = 26,68 \,\%$$

   • $P(♀ \text{ in Teilzeit}) = P(♀ \cap \text{Teilzeit})$
   $$= 0,34 \cdot 0,676 = 0,22984 = 22,984 \,\%$$

   • $P(\text{Teilzeitbeschäftigter ist } ♀) = P_{\text{Teilzeit}}(♀)$

   $$= \frac{P(♀ \cap \text{Teilzeit})}{P(\text{Teilzeit})} = \frac{0,22984}{0,2668}$$

   $$\approx 0,8615 = 86,15 \,\%$$

Sie wissen nun, wie man bedingte Wahrscheinlichkeiten aus einem Baumdiagramm abliest. **Doch wie liest man bedingte Wahrscheinlichkeiten aus einer Vierfeldertafel ab?** Betrachten Sie dazu erneut das Beispiel von Jakob und Florian. Erstellt man aus dem Baumdiagramm

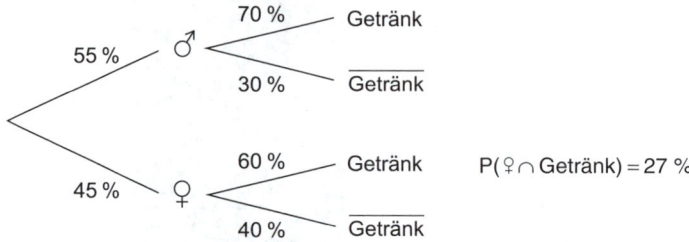

mithilfe der 1. Pfadregel eine Vierfeldertafel, so entsteht:

	Getränk	$\overline{\text{Getränk}}$	
männlich	38,5 % da 0,55 · 0,7 = 38,5 %	16,5 % da 0,55 · 0,3 = 16,5 %	55 %
weiblich	27 %	18 % da 0,45 · 0,4 = 18 %	45 %
	65,5 %	34,5 %	100 %

Die Vierfeldertafel sagt Folgendes aus:
- von allen Befragten sind 55 % männlich: $\quad$ $P(\male) = 55\,\%$
- von allen Befragten sind 45 % weiblich: $\quad$ $P(\female) = 45\,\%$
- von allen Befragten kaufen 65,5 % Getränke: $\quad$ $P(\text{Getränk}) = 65,5\,\%$
- von allen Befragten kaufen 34,5 % keine Getränke: $\quad$ $P(\overline{\text{Getränk}}) = 34,5\,\%$
- 38,5 % sind männlich und Getränkekäufer: $\quad$ $P(\male \cap \text{Getränk}) = 38,5\,\%$
- 16,5 % sind männlich und keine Getränkekäufer: $\quad$ $P(\male \cap \overline{\text{Getränk}}) = 16,5\,\%$
- 27 % sind weiblich und Getränkekäufer: $\quad$ $P(\female \cap \text{Getränk}) = 27\,\%$
- 18 % sind weiblich und keine Getränkekäufer: $\quad$ $P(\female \cap \overline{\text{Getränk}}) = 18\,\%$

Einsetzen dieser Werte in die Formel für die bedingte Wahrscheinlichkeit liefert:

- $P_{\male}(\text{Getränk}) = \dfrac{P(\male \cap \text{Getränk})}{P(\male)} = \dfrac{0,385}{0,55}$

- $P_{\male}(\overline{\text{Getränk}}) = \dfrac{P(\male \cap \overline{\text{Getränk}})}{P(\male)} = \dfrac{0,165}{0,55}$

- $P_{\female}(\text{Getränk}) = \dfrac{P(\female \cap \text{Getränk})}{P(\female)} = \dfrac{0,27}{0,45}$

- $P_{\female}(\overline{\text{Getränk}}) = \dfrac{P(\female \cap \overline{\text{Getränk}})}{P(\female)} = \dfrac{0,18}{0,45}$

- $P_{\text{Getränk}}(\male) = \dfrac{P(\male \cap \text{Getränk})}{P(\text{Getränk})} = \dfrac{0{,}385}{0{,}655}$

- $P_{\text{Getränk}}(\female) = \dfrac{P(\female \cap \text{Getränk})}{P(\text{Getränk})} = \dfrac{0{,}27}{0{,}655}$

- $P_{\overline{\text{Getränk}}}(\male) = \dfrac{P(\male \cap \overline{\text{Getränk}})}{P(\overline{\text{Getränk}})} = \dfrac{0{,}165}{0{,}345}$

- $P_{\overline{\text{Getränk}}}(\female) = \dfrac{P(\female \cap \overline{\text{Getränk}})}{P(\overline{\text{Getränk}})} = \dfrac{0{,}18}{0{,}345}$

Regel

> Aus den Daten einer Vierfeldertafel lassen sich bedingte Wahrscheinlichkeiten berechnen, indem man jeweils **ein mittleres Feld der Vierfeldertafel** (hier stehen die Wahrscheinlichkeiten der Schnittmengen) **durch ein Randfeld** (hier sind die Wahrscheinlichkeiten der beiden Ereignisse ablesbar) **dividiert**.

Beispiel

Charlotte hat sich in ihrer Oberstufe umgehört. 32 % der Oberstufenschüler joggen regelmäßig, 56 % nutzen regelmäßig Angebote eines Sportvereins, 13 % joggen und betreiben Vereinssport.

a) Fertigen Sie eine Vierfeldertafel an.

b) Bestimmen Sie die Wahrscheinlichkeit, mit der
   - ein Schüler weder einen Verein besucht noch joggt.
   - ein Schüler, der Vereinssport betreibt, joggt.
   - ein Schüler, der joggt, keinen Vereinssport macht.

Lösung:

a)

	Sportverein	$\overline{\text{Sportverein}}$	
Jogger	13 %	**19 %**	32 %
$\overline{\text{Jogger}}$	**43 %**	**25 %**	**68 %**
	56 %	**44 %**	100 %

b)
- $P(\text{weder Sportverein noch Jogger}) = P(\overline{\text{Sportverein}} \cap \overline{\text{Jogger}}) = 25\,\%$

- P(Schüler, der Vereinssport betreibt, joggt)

$$= P_{\text{Sportverein}}(\text{Jogger}) = \frac{P(\text{Sportverein} \cap \text{Jogger})}{P(\text{Sportverein})} = \frac{0{,}13}{0{,}56} \approx 23{,}21\,\%$$

- P(Schüler, der joggt, macht keinen Vereinssport)

$$= P_{\text{Jogger}}(\overline{\text{Sportverein}}) = \frac{P(\text{Jogger} \cap \overline{\text{Sportverein}})}{P(\text{Jogger})} = \frac{0{,}19}{0{,}32} = 59{,}375\,\%$$

Betrachtet man die Wahrscheinlichkeit als die relative Häufigkeit sehr vieler Zufallsexperimente, so gilt:

$$h_A(B) = \frac{h(A \cap B)}{h(A)} = h(A \cap B) : h(A) = \frac{|A \cap B|}{|\Omega|} : \frac{|A|}{|\Omega|} = \frac{|A \cap B|}{|\Omega|} \cdot \frac{|\Omega|}{|A|} = \frac{|A \cap B|}{|A|}$$

Auch dieser Wert ergibt sich wieder durch Division eines mittleren Feldes der Vierfeldertafel (diesmal mit absoluten Häufigkeiten) durch ein Randfeld. $h_A(B)$ gibt den Anteil an, den das Ereignis B innerhalb des Ereignisses A hat: „Wie viele Prozent von A erfüllen auch die Eigenschaft B?"

Beispiel

Bei einer Umfrage unter 1 000 Jugendlichen im Alter von 15 Jahren gaben nur 395 der 500 Jungen zu, schon einmal verliebt gewesen zu sein. 60 der Mädchen meinten, sie seien noch nie verliebt gewesen.

a) Fertigen Sie eine Vierfeldertafel mit absoluten Häufigkeiten.

b) Bestimmen Sie die relative Häufigkeit, mit der
   • ein Befragter ein schon mal verliebt gewesenes Mädchen ist.
   • ein Junge schon mal verliebt war.
   • ein noch nie Verliebter ein Junge ist.

Lösung:

a)

	schon mal verliebt	noch nie verliebt	
Junge	395	**105**	500
Mädchen	**440**	60	500
	835	**165**	1 000

b) • h(schon mal verliebtes Mädchen) = h(schon mal verliebt ∩ Mädchen)

$$= \frac{440}{1\,000} = 0,44 = 44\,\%$$

• h(Junge, schon mal verliebt) = h_{Junge}(schon mal verliebt)

$$= \frac{395}{500} = 0,79 = 79\,\%$$

• h(noch nie verliebt, Junge) = $h_{\text{noch nie verliebt}}$(Junge)

$$= \frac{105}{165} \approx 0,6364 = 63,64\,\%$$

90. Bei einer Umfrage unter Jugendlichen sollte die Frage beantwortet werden: „Welchem Medium glaubst du bei widersprüchlicher Berichterstattung am ehesten: Tageszeitung (T), Fernsehen (F), Radio (R), Internet (I)?" Beschreiben Sie in diesem Sachzusammenhang die folgenden Wahrscheinlichkeiten mit Worten:

a) $P_{\text{Junge}}(T)$

b) $P(\text{Mädchen} \cap \overline{R})$

c) $P_{\text{Mädchen}}(\overline{F})$

d) $P_F(\text{Junge})$

e) $P(\overline{T} \cup \text{Junge})$

f) $P_{\overline{I}}(\text{Mädchen})$

91.

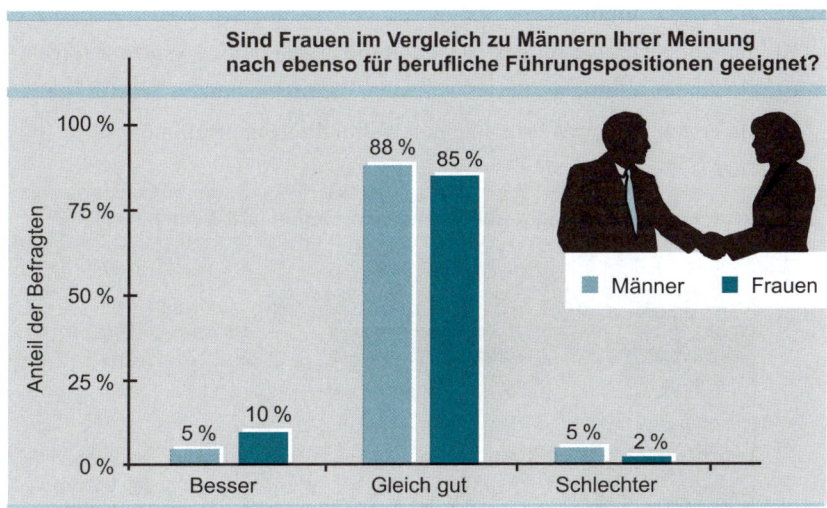

Sind Frauen im Vergleich zu Männern Ihrer Meinung nach ebenso für berufliche Führungspositionen geeignet?

a) Fertigen Sie zu obiger Statistik (der Anteil der Männer unter den Befragten beträgt 49 %) ein Baumdiagramm mit Wahrscheinlichkeiten an. Achten Sie darauf, dass Unentschlossene in der Statistik nicht aufgeführt sind.

b) Berechnen Sie die Wahrscheinlichkeit, mit der
- ein Befragter männlich ist und glaubt, Frauen seien für Führungspositionen schlechter geeignet.
- eine Frau der Meinung ist, Frauen und Männer seien gleich gut für Führungspositionen geeignet.
- jemand, der glaubt, Frauen seien besser geeignet, eine Frau ist.
- jemand, der unentschlossen ist, ein Mann ist.

92. 25 % aller in einem Laden für Damen- und Herrenschuhe verkauften Schuhe sind schwarz, 40 % sind in Beige- oder Brauntönen gehalten. Alle anderen werden „farbige" Schuhe genannt.
80 % der schwarzen Schuhe und 90 % der farbigen Schuhe kaufen Frauen. Insgesamt sind 85,5 % aller Schuhkäufer weiblich.

a) Fertigen Sie ein entsprechendes Baumdiagramm mit Wahrscheinlichkeiten an.

b) Bestimmen Sie die Wahrscheinlichkeit, mit der
- ein Kunde männlich ist.
- eine Frau ein Paar farbige Schuhe kauft.
- ein Mann keine farbigen Schuhe kauft.

93. Ein Laplace-Tetraeder wird dreimal geworfen.
Berechnen Sie die Wahrscheinlichkeit, dass

a) die Augensumme größer 10 ist.

b) die Augensumme größer 10 ist und die ersten beiden Würfe 4 zeigen.

c) die Augensumme größer 10 ist, wenn die ersten beiden Würfe 4 zeigen.

d) die ersten beiden Würfe 4 zeigen, wenn die Augensumme größer 10 ist.

94.

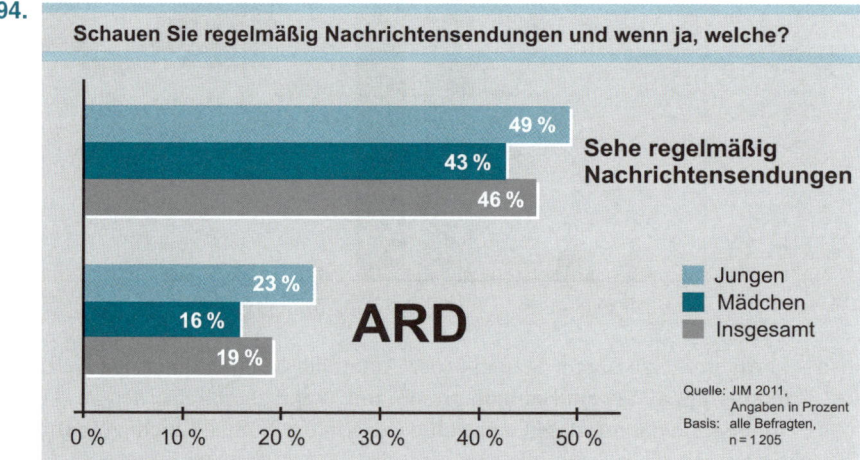

Betrachten Sie zunächst nur die oberen drei Balken im Diagramm.

a) Wie groß ist der Anteil der Jungen, die teilgenommen haben?

b) Fertigen Sie eine Vierfeldertafel mit Jungen/Mädchen an.

c) Bestimmen Sie die Wahrscheinlichkeit, mit der
- jemand, der regelmäßig Nachrichtensendungen sieht, ein Mädchen ist.
- jemand, der nicht regelmäßig Nachrichtensendungen sieht, ein Junge ist.

d) Berechnen Sie unter Berücksichtigung aller Balken im Diagramm die Wahrscheinlichkeit, mit der
   - Nachrichtensendungen im ARD angesehen werden.
   - ein Mädchen die Nachrichtensendungen auf ARD sieht.
   - jemand, der Nachrichtensendungen im ARD sieht, ein Junge ist.

95. In der Zeitung ist zu lesen, dass Ferienhäuser und -wohnungen immer beliebter sind. Die Beherbergungsbetriebe in Deutschland melden für das vergangene Jahr 394 Millionen Übernachtungen, davon 63,7 Millionen von Ausländern. 98,9 Millionen dieser Übernachtungen wurden in Ferienhäusern/-wohnungen gebucht, darunter waren 95,8 Millionen Übernachtungen von Deutschen. Michael soll aus diesen Angaben eine Vierfeldertafel mit absoluten Häufigkeiten anfertigen und berechnen, mit welcher Wahrscheinlichkeit eine Übernachtung
   - für einen ausländischen Gast und nicht in einem Ferienhaus gebucht wird.
   - für einen Deutschen gebucht wird, wenn ein Ferienhaus gewünscht wird.
   - in einem Ferienhaus stattfindet, wenn ein Deutscher für sich gebucht hat.
   - für einen ausländischen Gast gebucht wird, wenn die Übernachtung nicht in einem Ferienhaus stattfinden soll.

Leider unterlaufen ihm dabei aber Fehler. Verbessern Sie die Lösung von Michael und erläutern Sie, was er falsch gemacht hat.

Michaels Lösung lautet:

D: „Gast aus Deutschland"

F: „Übernachtung in Ferienhaus oder -wohnung"

	D	$\overline{D}$	
F	95,8 Millionen	3,1 Millionen	98,9 Millionen
$\overline{F}$	234,5 Millionen	60,6 Millionen	295,1 Millionen
	330,3 Millionen	63,7 Millionen	394 Millionen

$P(\text{ausländischer Gast und nicht Ferienhaus}) = P(\overline{D} \cap \overline{F}) = 60,6 \text{ Millionen}$

$P(\text{Deutscher, wenn Ferienhaus}) = \dfrac{98,9 \text{ Millionen}}{330,3 \text{ Millionen}} \approx 0,2994 = 29,94\,\%$

$P(\text{Ferienhaus, wenn Deutscher}) = \dfrac{95,8 \text{ Millionen}}{98,9 \text{ Millionen}} \approx 0,9687 = 96,87\,\%$

$P(\text{ausländischer Gast, wenn nicht Ferienhaus}) = \dfrac{60,6 \text{ Millionen}}{98,9 \text{ Millionen}} \approx 61,27\,\%$

96. Um die Wirkung einer Werbung für ein neues Getränk noch vor der allgemeinen Veröffentlichung zu testen, wird der Werbespot nur 75 % der Teilnehmer einer Probandengruppe gezeigt. Anschließend wird die gesamte Gruppe in einen mit bekannten und unbekannten Marken ausgestatteten Test-Getränkemarkt zum Einkaufen geschickt. 24 % der Probanden, die die Werbung gesehen haben, kaufen das beworbene Getränk nicht. 11 % der Probanden haben die Werbung nicht gesehen und kaufen das beworbene Getränk. Berechnen Sie die Wahrscheinlichkeit, mit der

a) ein Proband, der die Werbung nicht gesehen hat, das beworbene Getränk nicht kauft.

b) das beworbene Getränk nicht gekauft wird.

c) ein Käufer des beworbenen Getränks die Werbung gesehen hat.

97.

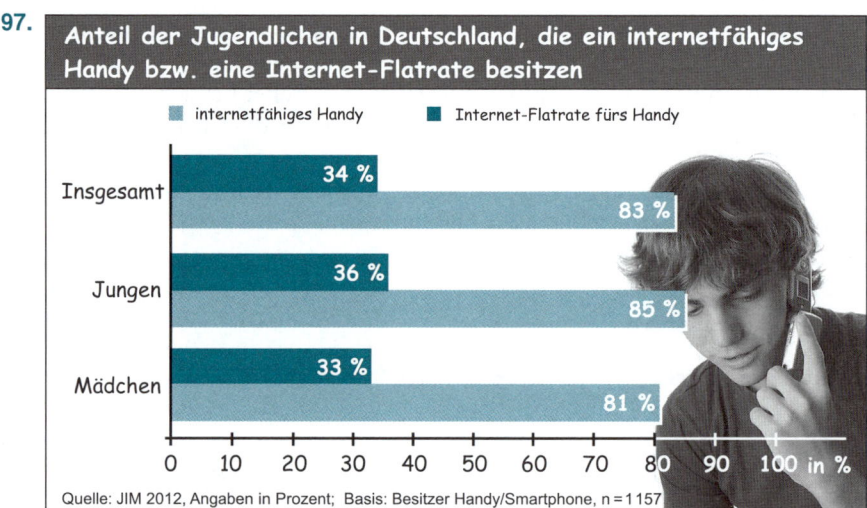

Quelle: JIM 2012, Angaben in Prozent; Basis: Besitzer Handy/Smartphone, n = 1157

Sara berechnet aus den Daten dieser Umfrage unter Jugendlichen (49 % Jungen) einige Werte und behauptet:

A	17 % aller Jugendlichen besitzen kein Handy, 49 % besitzen ein Handy und 34 % haben sogar eine Internet-Flatrate dafür.
B	Unter den Jugendlichen sind mehr Jungen mit einem internetfähigen Handy als Mädchen mit internetfähigem Handy.
C	Unter den Jugendlichen mit internetfähigem Handy ohne Internet-Flatrate sind mehr Jungen als Mädchen.
D	Hat jemand kein internetfähiges Handy, so ist es eher ein Mädchen.

Stimmen Sie ihr in allen Fällen zu? Begründen Sie Ihre Antwort.

98. Sabine und Teresa wollen wissen, wie viel Prozent der Schüler ihrer Schule das Handy während der Unterrichtszeit wirklich ausgeschaltet (und nicht nur „stumm" gestellt) haben. Um eine Antwort auf diese „heikle Frage" ermitteln zu können, verwenden sie folgende Vorgehensweise:

- Der Befragte wirft einen Würfel so, dass nur er das Ergebnis sehen kann.
- Bei 1 oder 2 muss er auf die Frage „Hast du dein Handy während der Unterrichtszeit wirklich ausgeschaltet?" mit NEIN antworten, egal, ob das der Wahrheit entspricht oder nicht.
- Zeigt der Würfel 3 oder 4, so muss die Antwort in jedem Fall JA lauten.
- Nur bei 5 oder 6 muss die Frage ehrlich beantwortet werden.

a) Bestimmen Sie den gesuchten Prozentsatz, wenn $\frac{7}{12}$ der Antworten NEIN lauten.

b) Die Antwort lautet JA.
   Berechnen Sie die Wahrscheinlichkeit, dass diese Antwort aufgrund einer 5 oder 6 beim Würfeln gegeben wurde.

99. Eine Untersuchung in einer repräsentativen Testgruppe hat ergeben, dass 22 % der Probanden blond und 35 % gut in Mathematik sind. 7,7 % sind gut in Mathematik und blond.

a) Bestimmen Sie die Wahrscheinlichkeit, mit der
   - ein Proband weder blond noch gut in Mathematik ist.
   - ein blonder Proband gut in Mathematik ist.
   - ein in Mathematik nicht guter Proband blond ist.

b) Lässt sich aufgrund dieser Zahlen ein Zusammenhang zwischen Haarfarbe und guten Mathematikleistungen erkennen?
   Begründen Sie Ihre Antwort.

Lösungen

1. $\Omega = \{$rot; blau; gelb; weiß$\}$
   oder mit den entsprechenden Abkürzungen: $\Omega = \{$r; b; g; w$\}$

2. $\Omega = \{$rr; rb; rg; rw; br; bb; bg; bw; gr; gb; gg; gw; wr; wb; wg; ww$\}$

3. $\Omega = \{\spadesuit; \clubsuit; \heartsuit; \diamondsuit\}$
   oder: $\Omega = \{$Pik; Kreuz; Herz; Karo$\}$

4. a) $\Omega = \{$AABK; ABAK; ABKA; AAKB; AKAB; AKBA; BAAK; BAKA;
   BKAA; KAAB; KABA; KBAA$\}$

   b) $\Omega = \{$FSBK; FBSK; FBKS; FSKB; FKSB; FKBS; BFSK; BFKS;
   BKFS; KFSB; KFBS; KBFS;
   SFBK; SBFK; SBKF; SFKB; SKFB; SKBF; BSFK; BSKF;
   BKSF; KSFB; KSBF; KBSF$\}$

5. $\Omega = \{$123; 124; 132; 134; 142; 143; 213; 214; 231; 234; 241; 243; 312; 314;
   321; 324; 341; 342; 412; 413; 421; 423; 431; 432$\}$

6. $\Omega = \{$111; 112; 113; 114; 121; 122; 123; 124; 131; 132; 133; 134; 141; 142;
   143; 144; 211; 212; 213; 214; 221; 222; 223; 224; 231; 232; 233; 234;
   241; 242; 243; 244; 311; 312; 313; 314; 321; 322; 323; 324; 331; 332;
   333; 334; 341; 342; 343; 344; 411; 412; 413; 414; 421; 422; 423; 424;
   431; 432; 433; 434; 441; 442; 443; 444$\}$

   $|\Omega| = 64$

7. $\Omega = \{$AB; AC; AD; AE; BC; BD; BE; CD; CE; DE$\}$

   Anmerkung: Die ausgewählten Aufgaben sind hier in alphabetischer Reihenfolge aufgelistet, obwohl die Reihenfolge bei der Auswahl unerheblich ist.

8. $\Omega = \{$glop; glor; glow; glpr; glpw; glrw; gopr; gopw; gorw; gprw; lopr; lopw;
   lorw; lprw; oprw$\}$

   Anmerkung: Die ausgewählten Farben sind hier in alphabetischer Reihenfolge aufgelistet, obwohl die Reihenfolge bei der Auswahl unerheblich ist.

9. Da die Karten nacheinander gezogen werden und jeweils die Farbe notiert wird, muss die Reihenfolge in den Ereignismengen berücksichtigt werden.

$E_1 = \{ \spadesuit\spadesuit\spadesuit\spadesuit; \clubsuit\clubsuit\clubsuit\clubsuit; \heartsuit\heartsuit\heartsuit\heartsuit; \diamondsuit\diamondsuit\diamondsuit\diamondsuit \}$

$E_2 = \{ \spadesuit\clubsuit\heartsuit\diamondsuit; \spadesuit\clubsuit\diamondsuit\heartsuit; \spadesuit\heartsuit\clubsuit\diamondsuit; \spadesuit\diamondsuit\clubsuit\heartsuit; \spadesuit\heartsuit\diamondsuit\clubsuit; \spadesuit\diamondsuit\heartsuit\clubsuit;$
$\quad\ \clubsuit\spadesuit\heartsuit\diamondsuit; \clubsuit\spadesuit\diamondsuit\heartsuit; \clubsuit\heartsuit\spadesuit\diamondsuit; \clubsuit\spadesuit\diamondsuit\heartsuit; \clubsuit\heartsuit\diamondsuit\spadesuit; \clubsuit\spadesuit\heartsuit\spadesuit;$
$\quad\ \heartsuit\spadesuit\clubsuit\diamondsuit; \heartsuit\spadesuit\diamondsuit\clubsuit; \heartsuit\clubsuit\spadesuit\diamondsuit; \heartsuit\diamondsuit\spadesuit\clubsuit; \heartsuit\clubsuit\diamondsuit\spadesuit; \heartsuit\diamondsuit\clubsuit\spadesuit;$
$\quad\ \diamondsuit\spadesuit\clubsuit\heartsuit; \diamondsuit\spadesuit\heartsuit\clubsuit; \diamondsuit\clubsuit\spadesuit\heartsuit; \diamondsuit\heartsuit\spadesuit\clubsuit; \diamondsuit\clubsuit\heartsuit\spadesuit; \diamondsuit\heartsuit\clubsuit\spadesuit \}$

$E_3 = \{ \heartsuit\heartsuit\heartsuit\spadesuit; \heartsuit\heartsuit\spadesuit\heartsuit; \heartsuit\spadesuit\heartsuit\heartsuit; \spadesuit\heartsuit\heartsuit\heartsuit;$
$\quad\ \heartsuit\heartsuit\heartsuit\clubsuit; \heartsuit\heartsuit\clubsuit\heartsuit; \heartsuit\clubsuit\heartsuit\heartsuit; \clubsuit\heartsuit\heartsuit\heartsuit;$
$\quad\ \heartsuit\heartsuit\heartsuit\diamondsuit; \heartsuit\heartsuit\diamondsuit\heartsuit; \heartsuit\diamondsuit\heartsuit\heartsuit; \diamondsuit\heartsuit\heartsuit\heartsuit;$
$\quad\ \heartsuit\heartsuit\heartsuit\heartsuit \}$

10. Wer will, kann zunächst die Ergebnismenge bestimmen, dies ist aber nicht zwingend notwendig:

$\Omega = \{ 11; 12; 13; 14; 15; 16; 21; 22; 23; 24; 25; 26; 31; 32; 33; 34; 35; 36;$
$\qquad 41; 42; 43; 44; 45; 46; 51; 52; 53; 54; 55; 56; 61; 62; 63; 64; 65; 66 \}$

Als entsprechende Teilmengen der Ergebnismenge ergeben sich:

$E_1 = \{ 61; 62; 63; 64; 65; 66 \}$

$E_2 = \{ 61; 62; 63; 64; 65 \}$

$E_3 = \{ 11; 13; 15; 31; 33; 35; 51; 53; 55 \}$

$E_4 = \{ 22; 24; 26; 32; 34; 36; 52; 54; 56 \}$

$E_5 = \{ 22; 23; 24; 25; 26; 32; 34; 36; 42; 43; 45; 52; 54; 56; 62; 63; 65 \}$

$E_6 = \{ 13; 22; 31 \}$

$E_7 = \{ 46; 55; 64; 56; 65; 66 \}$

$E_8 = \{ 12; 21; 13; 31 \}$ 22, 23 und 32 gehören nicht zur Menge, da beide Würfe prim sind.

11. Bei Bedarf kann zunächst die Ergebnismenge angegeben werden:

$\Omega = \{ 123; 124; 132; 134; 142; 143; 213; 214; 231; 234; 241; 243;$
$\qquad 312; 314; 321; 324; 341; 342; 412; 413; 421; 423; 431; 432 \}$

a) $E_1 = \{ 312; 314; 321; 324; 341; 342; 412; 413; 421; 423; 431; 432 \}$
$\quad E_2 = \{ 123; 124; 132; 134; 142; 143 \}$
$\quad E_3 = \{ 124; 132; 134; 142; 214; 234; 312; 314; 324; 342; 412; 432 \}$
$\quad E_4 = \{ 123; 132; 213; 231; 234; 243; 312; 321; 324; 342; 423; 432 \}$
$\quad E_5 = \{ \ \}$

b) $E_6 = E_1 \cup E_3 = \{124; 132; 134; 142; 214; 234; 312; 314; 321; 324; 341;$
$\qquad\qquad\qquad 342; 412; 413; 421; 423; 431; 432\}$

E_6: „Die Zahl ist größer als 300 oder durch 2 teilbar."

$E_7 = E_1 \cap E_4 = \{312; 321; 324; 342; 423; 432\}$
E_7: „Die Zahl ist größer als 300 und durch 3 teilbar."

$E_8 = E_2 \cup E_5 = \{123; 124; 132; 134; 142; 143\} = E_2$
E_8: „Die Zahl ist kleiner als 200 oder durch 5 teilbar."

$E_9 = E_2 \cap E_5 = \{\} = E_5$
E_9: „Die Zahl ist kleiner als 200 und durch 5 teilbar."

c) $E_{10} = \{124; 134; 142; 143; 213; 231; 234;$
$\qquad\quad 243; 312; 321; 324; 342; 423; 432\}$

$E_{10} = (E_2 \cap \overline{E_4}) \cup (E_4 \cap \overline{E_2})$
$\quad\;\; = (E_2 \mid E_4) \cup (E_4 \mid E_2)$

Zu beachten ist, dass hier ein ausschließendes „entweder ... oder" vorliegt! Die Ergebnisse, die E_2 und E_4 gemeinsam haben, liegen nicht in E_{10}.

$E_{11} = \{132; 234; 312; 324; 342; 432\}$
$E_{11} = E_3 \cap E_4$

Eine Zahl ist durch 6 teilbar, wenn sie sowohl durch 2 als auch durch 3 teilbar ist.

12. Wer will, kann zunächst die Ergebnismenge bestimmen, dies ist aber nicht zwingend notwendig:

$\Omega = \{ABC; ABD; ABE; ACD; ACE; ADE; BCD; BCE; BDE; CDE\}$

Anmerkung: Die ausgewählten Aufgaben sind hier in alphabetischer Reihenfolge aufgelistet, die Reihenfolge ist bei der Auswahl unerheblich.

a) $E_1 = \{ABC; ABD; ABE; ACD; ACE; ADE\}$

$E_2 = \{ABC; ABD; ABE; ACD; ACE; ADE; BCD; BDE; CDE\}$

$E_3 = \{ABC; ABE; ACE; BCD; BDE; CDE\}$

$E_4 = \{ABC; ACD; ACE; ADE; BCD; BCE; CDE\}$

$E_5 = \{ABC; ADE; BCD; BCE\}$

b) $E_6 = \{BCD; BCE; BDE; CDE\}$
E_6: „A darf nicht bearbeitet werden."

$E_7 = \{ABC; ABE; ACE\}$
E_7: „A muss und D darf nicht bearbeitet werden."

$E_8 = \{BCD; BCE; CDE\}$
E_8: „A darf nicht bearbeitet werden. Wird B bearbeitet, so muss auch C bearbeitet werden."

13. Zunächst kann die Ergebnismenge angegeben werden, was aber nicht zwingend notwendig ist:

$\Omega = \{$wwww; bwww; wbww; wwbw; wwwb; bbww; bwbw; bwwb; wbbw; wbwb; wwbb; bbbw; bbwb; bwbb; wbbb; bbbb$\}$

a) $E_1 = \{$wbww; bbww; wbbw; wbwb; bbbw; bbwb; wbbb; bbbb$\}$

Nur das Ergebnis des zweiten Zuges ist festgelegt. In den anderen Zügen ist es egal, ob weiß oder blau gezogen wird.

$E_2 = \{$wbww$\}$

Außer dem zweiten Ball darf keiner blau sein.

$E_3 = \{$bbww; bwbw; bwwb; wbbw; wbwb; wwbb; bbbw; bbwb; bwbb; wbbb; bbbb$\}$

„Mindestens zwei" bedeutet zwei, drei oder vier.

$E_4 = \{$bwww; wbww; wwbw; wwwb; bbww; bwbw; bwwb; wbbw; wbwb; wwbb; bbbw; bbwb; bwbb; wbbb; bbbb$\}$

$= \overline{\{\text{wwww}\}}$

„Mindestens einer blau" bedeutet zum einen „ein, zwei, drei oder vier Bälle blau", aber es bedeutet gleichzeitig auch „nicht kein einziger blau".

$E_5 = \{$wwww; bwww; wbww; wwbw; wwwb$\}$

„Höchstens einer" bedeutet keiner oder genau einer.

$E_6 = \{$bbww; wwbb; bbbw; bbwb; bwbb; wbbb; bbbb$\}$

Zwei Bälle sind auf jeden Fall blau, es können aber auch 3 oder gar alle 4 blau sein.

$E_7 = \{$bbbb$\}$

$E_8 = \{$bbww; wwbb; bbbw; bbwb; bwbb; wbbb$\}$

Zu beachten ist das ausschließende „entweder … oder"! E_8 ist eine Teilmenge von E_6.

b) E_9: „Der erste und der dritte Ball sind blau."

E_{10}: „Nicht alle Bälle sind blau."
oder E_{10}: „Mindestens ein Ball ist weiß."

E_{11}: „Die ersten drei Bälle sind blau."

E_{12}: „Mindestens drei Bälle sind blau."
oder E_{12}: „Höchstens ein Ball ist weiß."

14. a)

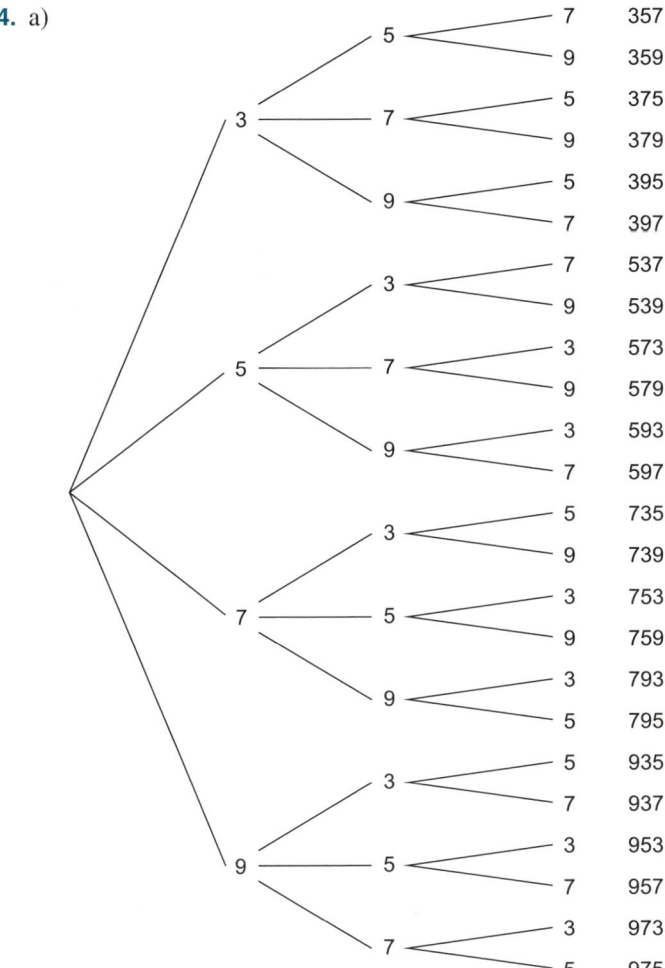

7	357
9	359
5	375
9	379
5	395
7	397
7	537
9	539
3	573
9	579
3	593
7	597
5	735
9	739
3	753
9	759
3	793
5	795
5	935
7	937
3	953
7	957
3	973
5	975

Ergebnismenge:
$\Omega = \{357;\ 359;\ 375;\ 379;\ 395;\ 397;\ 537;\ 539;\ 573;\ 579;\ 593;\ 597;\ 735;$
$739;\ 753;\ 759;\ 793;\ 795;\ 935;\ 937;\ 953;\ 957;\ 973;\ 975\}$

In der 1. Stufe hat man 4 Zahlen zur Auswahl, in der 2. Stufe nur noch 3
und in der 3. Stufe nur noch 2. Für die Mächtigkeit der Ergebnismenge
ergibt sich deshalb mithilfe des Zählprinzips:

$|\Omega| = 4 \cdot 3 \cdot 2 = 24$

b) $E_1 = \{375; 395; 735; 795; 935; 975\}$
$|E_1| = 3 \cdot 2 \cdot 1 = 6$

An der Einerstelle muss die 5 sein. Somit stehen für die Hunderterstelle nur noch 3 und für die Zehnerstelle nur noch 2 Ziffern zur Verfügung.

$E_2 = \{357; 359; 375; 379; 395; 397; 537;$
$539; 573; 579; 593; 597\}$
$|E_2| = 2 \cdot 3 \cdot 2 = 12$

An der Hunderterstelle kann nur die 3 oder die 5 stehen, für die Zehner- bzw. Einerstelle steht dann eine der restlichen 3 bzw. 2 Ziffern zur Verfügung.

$E_3 = \{357; 375; 537; 573; 735; 753;$
$579; 597; 759; 795; 957; 975\}$
$|E_3| = 3 \cdot 2 \cdot 1 + 3 \cdot 2 \cdot 1 = 3! + 3! = 12$

Damit die Zahl durch 3 teilbar ist, muss ihre Quersumme durch 3 teilbar sein. Das ist nur möglich, wenn die Zahl entweder aus den Ziffern 3, 5 und 7 oder aus den Ziffern 5, 7 und 9 besteht.

$3 + 5 + 7 = 15$ ✓
$3 + 5 + 9 = 17$
$3 + 7 + 9 = 19$
$5 + 7 + 9 = 21$ ✓

15.

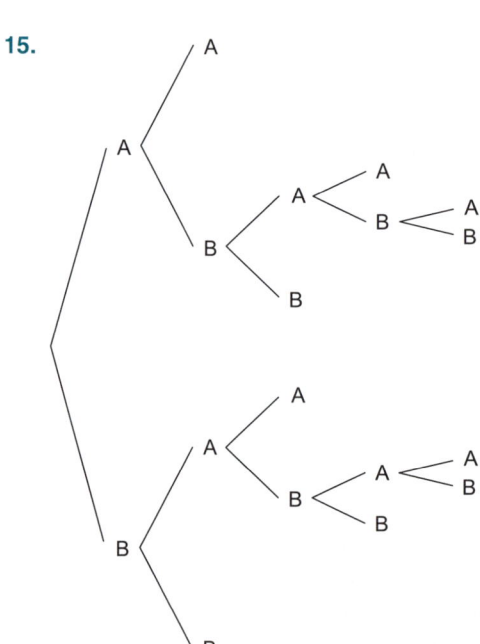

16.

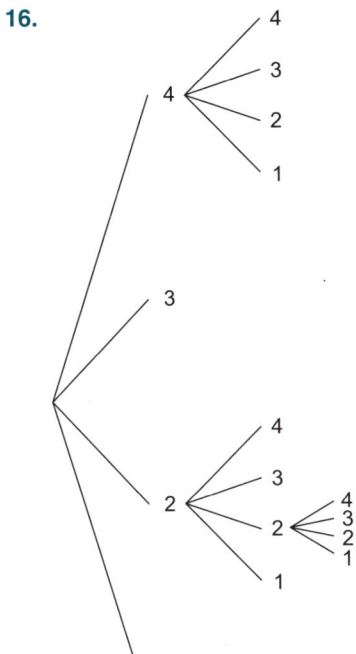

17.

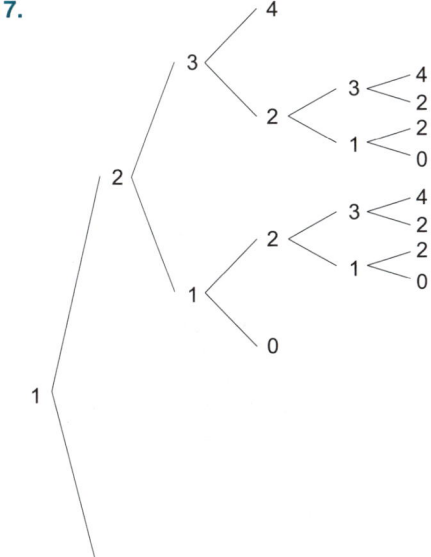

Die Zahlen geben die jeweilige
Anzahl an Chips an, die Ben
gerade hat.

18. $|\Omega|=3\cdot5\cdot2=30$

19. An der Hunderterstelle können die Ziffern 6, 7, 8 und 9 stehen, an der Zehnerstelle kann eine beliebige Ziffer (0, 1, 2, 3, 4, 5, 6, 7, 8, 9) stehen, an der Einerstelle muss 0 oder 5 stehen.

$|\Omega|=4\cdot10\cdot2=80$

20. An der Tausenderstelle kann 3 oder 4 stehen, an der Hunderterstelle muss eine Primzahl stehen (also eine der Ziffern 2, 3, 5 oder 7), an der Zehnerstelle muss eine Primzahl stehen (also eine der Ziffern 2, 3, 5, oder 7), an der Einerstelle kann eine beliebige Ziffer (0, 1, 2, 3, 4, 5, 6, 7, 8, 9) stehen.

$|\Omega|=2\cdot4\cdot4\cdot10=320$

21. a) $5\cdot5\cdot1=25$

An der Einerstelle muss die 5 sein. Für die Hunderter- und die Zehnerstelle stehen jeweils alle fünf Ziffern zur Verfügung.

b) $3\cdot5\cdot5=75$

An der Hunderterstelle können die Ziffern 1, 3 oder 5 stehen. Für die Zehner- und die Einerstelle stehen jeweils alle fünf Ziffern zur Verfügung.

c) $5\cdot1\cdot1=5$

An der Hunderterstelle kann eine der fünf Ziffern stehen. Für die Zehner- und die Einerstelle kommt dann nur noch diese eine Ziffer infrage.

d) $5\cdot5\cdot1=25$

An der Hunderter- und an der Zehnerstelle kann eine der fünf Ziffern stehen. Für die Einerstelle kommt nur noch die Ziffer infrage, die auf der Hunderterstelle steht.
Es ist hier nicht ausgeschlossen, dass die Zahl aus drei gleichen Ziffern besteht!

e) $1\cdot4\cdot4+4\cdot1\cdot4+4\cdot4\cdot1=48$

Die 1 kann entweder auf der Hunderter- oder auf der Zehner- oder auf der Einerstelle stehen: 1**; *1*; **1
Auf den beiden restlichen Stellen darf keine 1 stehen, also kommt dort jeweils nur eine der restlichen vier Ziffern (3, 5, 7, 9) infrage.
Diese Möglichkeiten müssen addiert werden.

22. Ereignis E_1:

Beim ersten Wurf muss die 6 erscheinen, bei allen anderen Würfen ist die Augenzahl beliebig, weshalb alle Augenzahlen von 1 bis 6 infrage kommen.

$|E_1| = 1 \cdot 6 \cdot 6 \cdot 6 \cdot 6 \cdot 6 = 6^5 = 7\,776$

Ereignis E_2:

Beim ersten Wurf muss die 6 erscheinen, bei allen anderen Würfen darf die 6 nicht mehr erscheinen, weshalb nur noch fünf Augenzahlen (1, 2, 3, 4, 5) möglich sind.

$|E_2| = 1 \cdot 5 \cdot 5 \cdot 5 \cdot 5 \cdot 5 = 5^5 = 3\,125$

Ereignis E_3:

Beim ersten Wurf kann eine der sechs Augenzahlen erscheinen. Beim zweiten Wurf darf diese nicht mehr erscheinen, weshalb nur noch fünf Augenzahlen zur Verfügung stehen. Beim dritten Wurf dürfen die beiden schon gefallenen Augenzahlen nicht mehr erscheinen, weshalb nur noch vier Augenzahlen infrage kommen, usw.

$|E_3| = 6 \cdot 5 \cdot 4 \cdot 3 \cdot 2 \cdot 1 = 6! = 720$

23. a)

Karte	W	O	G	S	N
Anzahl	12	10	17	17	19

b) Sara kann ihrer Freundin mit einer Geburtstagskarte, einer Karte mit einem lustigen Spruch oder mit einer neutralen Karte gratulieren.

H(passende Karte) = H(G) + H(S) + H(N) = 17 + 17 + 19 = 53

Sara kann also aus 53 Karten auswählen.

24. Die gegebene Tabelle lässt sich durch die entsprechenden Summen erweitern:

	Hohen-stein	Kirch-heim	Lohmen	Rhinow	Ruh-leben	Schein-feld	
weiblich	18	17	1	7	26	11	**80**
männlich	13	18	3	9	23	9	**75**
	31	**35**	**4**	**16**	**49**	**20**	**155**

Aus der erweiterten Tabelle lassen sich ablesen:

a) H(Neuanmeldungen) = 155

b) H(Mädchen) = 80

c) H(Ruhleben) = 49

d) H(Schulbus) = H(Scheinfeld) + H(Hohenstein) + H(Lohmen)

$\qquad$ = 20 + 31 + 4

$\qquad$ = 55

25. a) H(aller im Mittwochslotto gezogenen Gewinnzahlen)

$\qquad$ = 64 + 62 + 62 + 85 + 66 + 87 + 74 + 77 + 74 + 78 + 80 + 63 + 78 + 80 + 71

$\qquad$ + 76 + 73 + 63 + 69 + 75 + 43 + 88 + 84 + 74 + 82 + 79 + 73 + 71 + 64 + 66

$\qquad$ + 79 + 82 + 82 + 90 + 65 + 65 + 68 + 70 + 73 + 77 + 75 + 69 + 88 + 68 + 76

$\qquad$ + 68 + 73 + 63 + 64

$\qquad$ = 3 576

Da bei jeder Ziehung 6 Gewinnzahlen gezogen werden, haben im Zeitraum vom 02. 12. 2000 bis 07. 05. 2012

3 576 : 6 = 596

Ziehungen stattgefunden.

Bemerkung: Die Anzahl der Ziehungen lässt sich auch abschätzen: Der Zeitraum vom 02. 12. 2000 bis 07. 05. 2012 umfasst etwa 11 Jahre, 5 Monate und 1 Woche. Rechnet man pro Jahr mit 52 Mittwochen und pro Monat mit 4 Mittwochen, so ergibt sich der Schätzwert:

$11 \cdot 52 + 5 \cdot 4 + 1 = 593$

b) Die 21 wurde nur 43-mal und damit am seltensten gezogen.

c) Die 34 wurde 90-mal und damit am öftesten gezogen.

d) H(einstellige Gewinnzahl)

$\qquad$ = H(1) + H(2) + H(3) + H(4) + H(5) + H(6) + H(7) + H(8) + H(9)

$\qquad$ = 64 + 62 + 62 + 85 + 66 + 87 + 74 + 77 + 74

$\qquad$ = 651

e) Unter den Gewinnzahlen befinden sich die Primzahlen:

2, 3, 5, 7, 11, 13, 17, 19, 23, 29, 31, 37, 41, 43, 47

H(Gewinnzahl ist prim)

$\qquad$ = H(2) + H(3) + H(5) + H(7) + H(11) + H(13) + H(17) + H(19) + H(23)

$\qquad$ + H(29) + H(31) + H(37) + H(41) + H(43) + H(47)

$\qquad$ = 62 + 62 + 66 + 74 + 80 + 78 + 73 + 69 + 84 + 64 + 79 + 68 + 75 + 88 + 73

$\qquad$ = 1 095

f) Aus Teilaufgabe 25 a ist bekannt:

H(aller im Mittwochslotto gezogenen Gewinnzahlen) = 3 576

Da es 49 Gewinnzahlen gibt, folgt:

$3\,576 : 49 \approx 72{,}98 \approx 73$

Jede Gewinnzahl wurde durchschnittlich 73-mal gezogen.

26. a) Insgesamt besuchen

$40 + 27 + 25 + 21 + 19 + 18 + 17 + 14 + 10 + 9 = 200$

Kinder den Faschingsball, davon sind 25 als Hexen verkleidet.

$h(\text{Hexen}) = \frac{25}{200} = 0,125 = 12,5\,\%$

b) Zu den Tieren zählen die Kinder, die als Katzen, als Häschen oder als Mäuse verkleidet sind.

$h(\text{Tiere}) = h(\text{Katzen}) + h(\text{Häschen}) + h(\text{Mäuse}) = \frac{19 + 17 + 10}{200} = 0,23 = 23\,\%$

c) $h(\text{Berufe}) = h(\text{Cowboys}) + h(\text{Piraten}) + h(\text{Clowns})$

$= \frac{40 + 18 + 9}{200} = 0,335 = 33,5\,\%$

27. a) $h(3) = \frac{71}{500} = 0,142 = 14,2\,\%$

b) $h(4) = \frac{88}{500} = 0,176 = 17,6\,\%$

c) $h(\text{gerade}) = h(\{2; 4; 6\}) = \frac{83 + 88 + 87}{500} = 0,516 = 51,6\,\%$

d) $h(\text{prim}) = h(\{2; 3; 5\}) = \frac{83 + 71 + 84}{500} = 0,476 = 47,6\,\%$

e) Das Wort „und" bedeutet „$\cap$":

$h(\text{gerade} \cap \text{prim}) = h(2) = \frac{83}{500} = 0,166 = 16,6\,\%$

f) Das Wort „oder" bedeutet „$\cup$":

$h(\text{gerade} \cup \text{prim}) = h(\{2; 3; 4; 5; 6\}) = 1 - h(1) = 1 - \frac{87}{500} = 0,826 = 82,6\,\%$

Oder mithilfe der Teilaufgaben c, d und e:

$h(\text{gerade} \cup \text{prim}) = h(\text{gerade}) + h(\text{prim}) - h(\text{gerade} \cap \text{prim})$

$= 0,516 + 0,476 - 0,166 = 0,826 = 82,6\,\%$

28. a) Aus dem Text oberhalb der Tabelle entnimmt man, dass insgesamt 856 738 Vögel beobachtet wurden. Damit kennt man den Nenner.

$h(\text{Haussperling}) = \frac{122\,863}{856\,738} \approx 0,1434 = 14,34\,\%$

b) In der Tabelle sind insgesamt zwei Meisenarten aufgelistet, die Kohlmeise und die Blaumeise.

h(Meise) = h(Kohlmeise) + h(Blaumeise)

$$= \frac{70\,474 + 53\,919}{856\,738} \approx 0,1452 = 14,52\,\%$$

c) Addiert man alle in der Tabelle aufgeführten Vögel, ergibt sich:
122 863 + 85 177 + 70 474 + 54 182 + 53 919 + 40 015 + 38 247 + 35 187 + 31 269 + 26 272 + 24 848 + 20 714 + 20 017 + 19 542 + 18 992 + 13 320 + 11 740 + 9 881 + 8 976 + 8 939 = 714 574

Somit sind 856 738 − 714 574 = 142 164 der insgesamt beobachteten Vögel nicht in der Tabelle aufgeführt.

$$h(\text{nicht unter den ersten 20 Vogelarten}) = \frac{142\,164}{856\,738} \approx 0,1659 = 16,59\,\%$$

d) Der Nenner muss hier 20 sein, da es um die Anzahl der Pfeile geht.
Eine Vogelart wird seltener, wenn der Pfeil nach unten zeigt. Dies trifft in der Tabelle auf zwei Pfeile zu.

$$h(\text{Pfeil nach unten}) = \frac{2}{20} = 0,1 = 10\,\%$$

e) Da Carmen insgesamt 4 + 5 + 5 + 3 + 1 + 2 + 2 = 22 Vögel beobachtet, gilt für die relativen Häufigkeiten in Carmens Garten:

$$h_{\text{Carmen}}(\text{Haussperling}) = \frac{4}{22} \approx 0,1818 = 18,18\,\%$$

$$h_{\text{Carmen}}(\text{Rotkehlchen}) = \frac{2}{22} \approx 0,0909 = 9,09\,\%$$

Im Vergleich dazu ergeben sich aus der Tabelle:

h(Haussperling) ≈ 14,34 %   (siehe Teilaufgabe a)

$$h(\text{Rotkehlchen}) = \frac{18\,992}{856\,738} \approx 0,0222 = 2,22\,\%$$

Da die relative Häufigkeit des Haussperlings in Carmens Garten (wenn auch nur geringfügig) höher ist als die bundesweite relative Häufigkeit, hat Carmen, was den Haussperling angeht, nicht recht.
Die relative Häufigkeit des Rotkehlchens ist jedoch in Carmens Garten merkbar höher als die relative Häufigkeit bundesweit, somit gibt es in Carmens Garten tatsächlich mehr Rotkehlchen als im Landesdurchschnitt.

29. Auf dem quadratischen Feld befinden sich an jeder Seite 20 Kästchen, somit ergeben sich insgesamt $20 \cdot 20 = 400$ Kästchen für das Spiel.

a) Für die Verteilung gilt:

Anna	Beate	Carla	Diana
116	2x	x	$3 \cdot 2x = 6x$

Alle vier Mädchen haben zusammen 400 Kästchen. Addiert man ihre Anzahlen, muss die Summe also 400 ergeben:

$$116 + 2x + x + 6x = 400$$
$$9x = 234 \quad |:9$$
$$x = 26$$

Also:

Anna	Beate	Carla	Diana
116	52	26	156

Anna belegt den 2. Platz.

b) $h(\text{Beate}) = \frac{52}{400} \approx 0,13 = 13\,\%$

30. a) Da insgesamt

$$71 + 82 + 87 = 240$$

Figuren (Schere, Stein, Papier) auftraten, haben Ben und Erik 120-mal gespielt. Jeder Spieler kann sich ja pro Runde nur für eine einzige Figur entscheiden.

Von den 120 Spielen insgesamt hat Ben 44 und Erik 41 gewonnen, die restlichen Spiele gingen unentschieden aus.

$$120 - 44 - 41 = 35$$

Das Spiel ging 35-mal unentschieden aus.

b) Da es um die Anzahl der Spiele geht, lautet der Nenner 120.

$$h(\text{unentschieden}) = \frac{35}{120} \approx 0,2917 = 29,17\,\%$$

c) Da es um die Anzahl der Figuren geht, ist der Nenner 240.

$$h(\text{Papier}) = \frac{87}{240} \approx 0,3625 = 36,25\,\%$$

31. a) Insgesamt gibt es an diesem Gymnasium 1407 Schüler, darum bildet diese Zahl den Nenner.

$h(\text{Schülerinnen}) = \frac{675}{1\,407} \approx 0,4797 = 47,97\,\%$

b) Auch die Konfession (Bekenntnis) bezieht sich auf die Gesamtschülerzahl, darum ist auch hier der Nenner 1407.

$h(\text{Katholiken}) = \frac{753}{1\,407} \approx 0,5352 = 53,52\,\%$

c) Es ist der Anteil unter allen Schülern der Schule gesucht, die weiblich sind und in die 12. Klasse gehen.

$h(\text{12.-Klässler und weiblich}) = \frac{82}{1\,407} \approx 0,583 = 5,83\,\%$

d) Es geht hier nur um die 12.-Klässler, daher ist der Nenner 139.

$h(\text{Schülerinnen unter den 12.-Klässlern}) = \frac{82}{139} \approx 0,5899 = 58,99\,\%$

e) Es geht hier nur um die 8.-Klässler, daher ist der Nenner 154.

$h(\text{Nicht-Katholiken unter den 8.-Klässlern}) = \frac{48+24}{154} \approx 0,4675 = 46,75\,\%$

32. a)

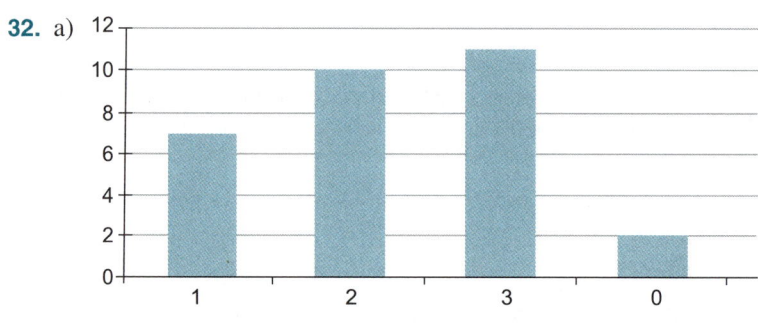

b)

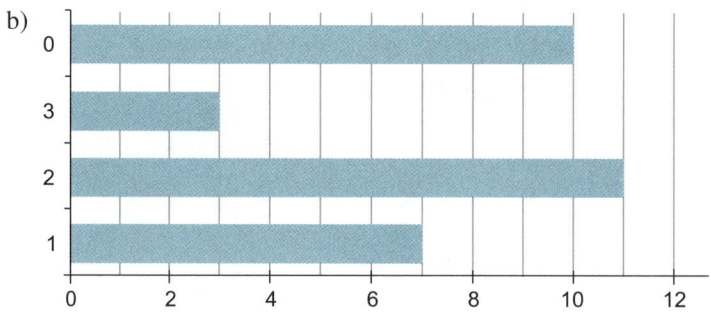

c) Mithilfe eines Dreisatzes ergibt sich:

150 Schüler $\stackrel{\triangle}{=} 360°$

$$1\,\text{Schüler} \stackrel{\triangle}{=} \frac{360°}{150} = 2{,}4°$$

$$\text{x Schüler} \stackrel{\triangle}{=} \text{x} \cdot 2{,}4°$$

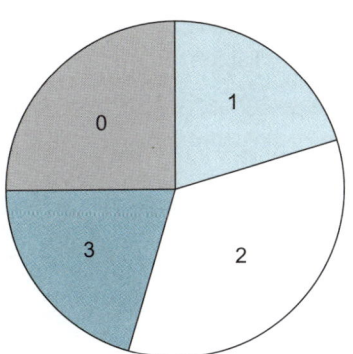

Und daher:

1: 30 Schüler $\stackrel{\triangle}{=} 30 \cdot 2{,}4° = 72°$

2: 53 Schüler $\stackrel{\triangle}{=} 53 \cdot 2{,}4° = 127{,}2°$

3: 30 Schüler $\stackrel{\triangle}{=} 30 \cdot 2{,}4° = 72°$

0: 37 Schüler $\stackrel{\triangle}{=} 37 \cdot 2{,}4° = 88{,}8°$

33.

	Hohenstein	Kirchheim	Lohmen	Rhinow	Ruhleben	Scheinfeld
Mädchen	18	17	1	7	26	11
Buben	13	18	3	9	23	9

34. An einigen „Ecken" in der Linienführung lässt sich erkennen, dass die Werte jeweils in der Mitte eines „Monatsintervalls" angetragen wurden.

a) im Dezember 2011

b) Weihnachtsgeschenke

c) im August 2011

d) im Februar 2012 bei 22,5 %

Bemerkung: Die beiden Länder waren dort gleich auf, wo sich die Linien im Diagramm schneiden.

35. a) Die Summe der Prozentzahlen ergibt durch die Rundungen 101 %, denn:

55 % + 24 % + 8 % + 7 % + 5 % + 2 % = 101 %

Da ein Kreis aus 360° besteht und vom Winkel her nicht vergrößert werden kann, wird hier beispielsweise der größte Prozentwert auf 54 % verkleinert. Es sind aber auch andere Anpassungen richtig.

Die Winkel errechnen sich zu:

nur Papier: 54 % · 360° = 0,54 · 360° = 194,4°

Papier, evt. eBook: 24 % · 360° = 0,24 · 360° = 86,4°

Nichtleser: $8\,\% \cdot 360° = 0,08 \cdot 360° = 28,8°$
eReader: $7\,\% \cdot 360° = 0,07 \cdot 360° = 25,2°$
Tablet: $5\,\% \cdot 360° = 0,05 \cdot 360° = 18°$
eReader/Tablet: $2\,\% \cdot 360° = 0,02 \cdot 360° = 7,2°$

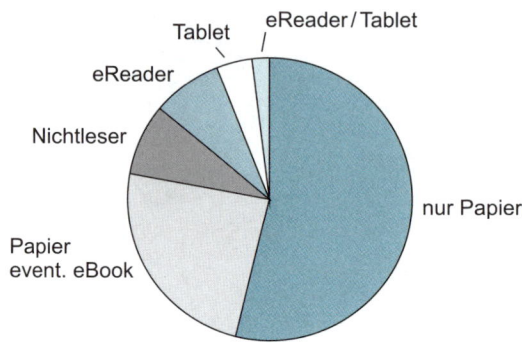

b) Die Summe der Prozentzahlen ergibt durch die Rundungen 101 %. Es ist am leichtesten, die Länge des Streifens auf 10,1 cm zu vergrößern. Somit ergibt sich:

Kategorie	Verweigerer	Potenzielle	Nutzer
Prozent	63 %	24 %	14 %
Länge	6,3 cm	2,4 cm	1,4 cm

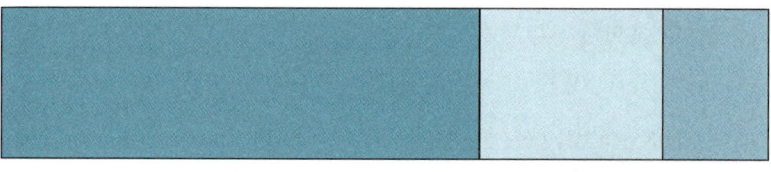

Verweigerer   Potenzielle   Nutzer

36. a) Die y-Achse beginnt nicht bei 0, sondern erst bei 180. Somit sind alle Säulen um 180 Einheiten (Minuten) zu kurz. Die Fernsehdauer erscheint also um jeweils 180 Minuten = 3 Stunden kürzer, als sie ist.
Zudem entsteht der Eindruck, als ob die Fernsehdauer im Jahr 2011 mehr als viermal so lang war wie im Jahr 2000, obwohl sie in Wahrheit nur 35 Minuten und damit nur etwa um ein Fünftel länger war.

b) Die einzelnen Flächen des Prozentstreifens entsprechen nicht den eingetragenen Prozentzahlen (29 % sind nicht mal halb so groß wie 14 %!).
Misst man die Höhe der einzelnen Flächen und setzt sie zur Gesamthöhe
(7,5 cm) ins Verhältnis, ergibt sich:

14 % $\triangleq$ 29 % der Fläche   (Höhe 2,175 cm)
57 % $\triangleq$ 57 % der Fläche   (Höhe 4,275 cm)
29 % $\triangleq$ 14 % der Fläche   (Höhe 1,05 cm)

Die beiden Werte 14 % und 29 % wurden im Prozentstreifen also verse-
hentlich(?) vertauscht.

37. a)

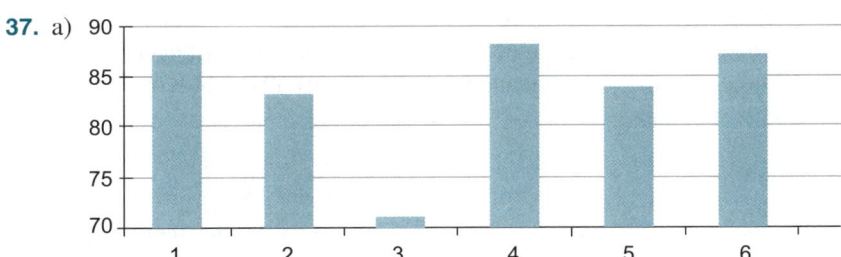

Man bekommt den Eindruck, als ob die Zahl 3 fast nie gefallen und der
Würfel somit vielleicht gezinkt wäre.

b) Für die relativen Häufigkeiten gilt:

1	2	3	4	5	6
$\frac{87}{500}$	$\frac{83}{500}$	$\frac{71}{500}$	$\frac{88}{500}$	$\frac{84}{500}$	$\frac{87}{500}$
$=17,4\,\%$	$=16,6\,\%$	$=14,2\,\%$	$=17,6\,\%$	$=16,8\,\%$	$=17,4\,\%$

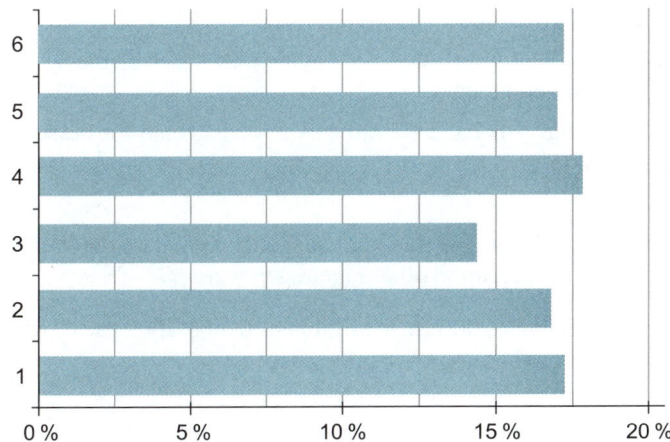

38. a) in Polen (mit ca. 60 %)

b) Belgien und Frankreich (ca. 100 %)

c) Belgien, Frankreich, Niederlande (ca. 100 %)

d) in den Niederlanden (um ca. 33 %)

Die größten Unterschiede zwischen 2005 und 2010 zeigen die Niederlande und Polen.

Niederlande: Steigerung von ca. 75 % auf ca. 100 %, also eine Steigerung um 25 Prozentpunkte. Bezogen auf den Grundwert 75 ergibt sich somit eine Steigerung von $\frac{25}{75} \approx 33\,\%$.

Polen: Steigerung von ca. 60 % auf ca. 77 %, also eine Steigerung um 17 Prozentpunkte. Bezogen auf den Grundwert 60 ergibt sich somit eine Steigerung von $\frac{17}{60} \approx 28\,\%$.

39. Je höher die Säule ist, desto größer ist der Anteil der 15-jährigen Schüler mit schlechter oder sehr schlechter Lesekompetenz. Desto schlechter hat also das Land abgeschnitten.

a) Luxemburg und Polen

b) Frankreich, Luxemburg, Österreich, Tschechische Republik

c) Deutschland, Belgien, Dänemark, Luxemburg, Polen, Schweiz

d) Deutschland, Dänemark, Polen

e) Polen (um ca. 38 %)

Die größten Unterschiede zwischen 2000 und 2009 zeigen Luxemburg und Polen.

Luxemburg: Steigerung von ca. 36 % auf ca. 26 %, also eine Verbesserung um 10 Prozentpunkte.

Polen: Steigerung von ca. 24 % auf ca. 15 %, also eine Verbesserung um 9 Prozentpunkte.

40. Aus den fünf angegebenen Werten lässt sich erkennen, dass die Werte jeweils in der Mitte eines „Jahresintervalls" angetragen wurden.

a) im Jahr 2006 (Januar 2006 ca. 9 Millionen, Januar 2007 ca. 11 Millionen de-Domains)

b) zwischen Januar 2000 und Januar 2001 (hier verläuft die Linie am steilsten)

c) zwischen Januar 2004 und Januar 2008 (die Linie bildet hier in guter Näherung eine Gerade)

und zwischen Januar 2008 und Januar 2012

41. a) Aus der Grafik entnimmt man, dass sich 82,4 % der 1 000 befragten Nutzer bei Facebook einlocken. Somit:

$$H(Facebook) = 82,4 \text{ % von } 1\,000 \text{ Nutzern}$$

$$= \frac{82,4}{100} \cdot 1\,000 \text{ Nutzer} = 824 \text{ Nutzer}$$

b) Viele Personen benutzen mehrere soziale Netzwerke, sind also in mehreren Balken „enthalten".

c) Gemäß Teilaufgabe a gilt:
$H(Twitter) = 462$
$H(Stayfriends) = 194$

Wegen $H(Twitter \cap Stayfriends) = \{\ \}$ gilt:
$H(Twitter \cup Stayfriends) = H(Twitter) + H(Stayfriends) = 462 + 194 = 656$

42. Die Anzahl der Schüler mit Note 2 sei x.

Setzt man in die Formel für das arithmetische Mittel ein, so ergibt sich:

$$\frac{2 \cdot 1 + x \cdot 2 + 5 \cdot 3 + 13 \cdot 4 + 6 \cdot 5 + 1 \cdot 6}{2 + x + 5 + 13 + 6 + 1} = 3,7$$

$$\frac{2x + 105}{x + 27} = 3,7$$

$$2x + 105 = 3,7 \cdot (x + 27)$$

$$2x + 105 = 3,7x + 99,9$$

$$-1,7x = -5,1$$

$$x = 3$$

Drei der insgesamt 30 Schüler aus Lauras Klasse haben die Note 2 erzielt.

43. Die Werte in der Liste werden der Größe nach sortiert:

3 100   3 100   3 200   3 200   3 300   3 300   3 400   **3 400**   3 400   3 400

3 400   3 400   3 500   3 500   **3 500 | 3 500**   3 500   3 500   3 500   3 500

3 600   3 600   **3 600**   3 600   3 600   3 600   3 700   3 700   3 700   3 700

Da es sich um 30 Werte handelt, befindet sich der Median zwischen dem 15. und dem 16. Wert. Die beiden Quartile werden durch den 8. bzw. 23. Wert angegeben.

a) Minimum = 3 100 g
Maximum = 3 700 g

Median $= \frac{3\,500\ g + 3\,500\ g}{2} = 3\,500\ g$

1. Quartil = 3 400 g
3. Quartil = 3 600 g

b)

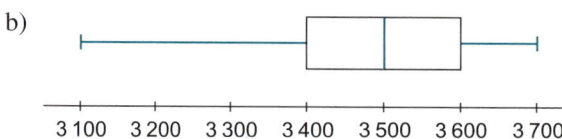

3 100   3 200   3 300   3 400   3 500   3 600   3 700

44. a) München: 14,6°
Berlin: 19,2°

b) München: zwischen 27,6° und 34,1°
Berlin: zwischen 26,5° und 35,4°

c) München hat die größere Spannweite:
34,1° − 14,6° = 19,5°

(für Berlin gilt: Spannweite = 35,4° − 19,2° = 16,2°)

d) In Berlin hatte von den mittleren 50 % der nach der Höchsttemperatur geordneten Augusttage die eine Hälfte (25 %) eine Höchsttemperatur zwischen 22,3° und 23,5° (unterschieden sich also um etwa 1°) und die andere Hälfte (25 %) eine Höchsttemperatur zwischen 23,5° und 26,5° (unterschieden sich also um bis zu 3°).

45. a) Das arithmetische Mittel für München berechnet sich zu:

$(14{,}2 + 12{,}5 + 5{,}5 + 7{,}4 + 8{,}4 + 6{,}6 + 11{,}7 + 7{,}8 + 12{,}1 + 8{,}6 + 8{,}0 + 13{,}6$
$+ 13{,}4 + 12{,}8 + 9{,}9 + 1{,}3 + 9{,}6 + 13{,}2 + 13{,}4 + 12{,}9 + 11{,}9 + 8{,}8 + 7{,}7 + 1{,}4$
$+ 3{,}7 + 5{,}5 + 12{,}5 + 10{,}3 + 11{,}7 + 2{,}7 + 0{,}0) : 31$
$= 279{,}1 : 31$
$\approx 9{,}0$

Die durchschnittliche tägliche Sonnenscheindauer betrug im August 2012 in München 9,0 Stunden.

Das arithmetische Mittel für Berlin berechnet sich zu:

$(13{,}4 + 9{,}2 + 4{,}2 + 11{,}7 + 3{,}7 + 3{,}7 + 8{,}3 + 4{,}3 + 5{,}4 + 2{,}6 + 5{,}5 + 10{,}2 + 9{,}7$
$+ 11{,}5 + 12{,}2 + 4{,}7 + 10{,}4 + 11{,}7 + 12{,}5 + 8{,}2 + 7{,}0 + 9{,}1 + 11{,}9 + 0{,}4 + 5{,}6$
$+ 6{,}2 + 8{,}2 + 6{,}7 + 10{,}5 + 1{,}9 + 0{,}0) : 31$
$= 230{,}6 : 31$
$\approx 7{,}4$

Die durchschnittliche tägliche Sonnenscheindauer betrug im August 2012 in Berlin 7,4 Stunden.

b) Die Werte für München geordnet in aufsteigender Größe:

0,0	1,3	1,4	2,7	3,7	5,5	5,5	**6,6**	7,4	7,7	7,8
8,0	8,4	8,6	8,8	**9,6**	9,9	10,3	11,7	11,7	11,9	12,1
12,5	**12,5**	12,8	12,9	13,2	13,4	13,4	13,6	14,2		

Daraus ergibt sich:
Minimum = 0,0 Stunden
Maximum = 14,2 Stunden
Median = 9,6 Stunden
1. Quartil = 6,6 Stunden
3. Quartil = 12,5 Stunden

Die Werte für Berlin geordnet in aufsteigender Größe:

0,0	0,4	1,9	2,6	3,7	3,7	4,2	**4,3**	4,7	5,4	5,5
5,6	6,2	6,7	7,0	**8,2**	8,2	8,3	9,1	9,2	9,7	10,2
10,4	**10,5**	11,5	11,7	11,7	11,9	12,2	12,5	13,4		

Daraus ergibt sich:
Minimum = 0,0 Stunden
Maximum = 13,4 Stunden
Median = 8,2 Stunden
1. Quartil = 4,3 Stunden
3. Quartil = 10,5 Stunden

c) München:

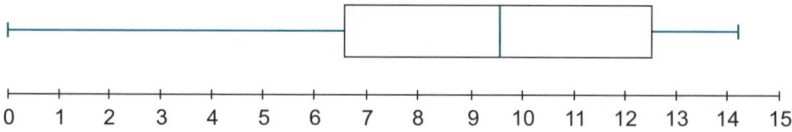

Berlin:

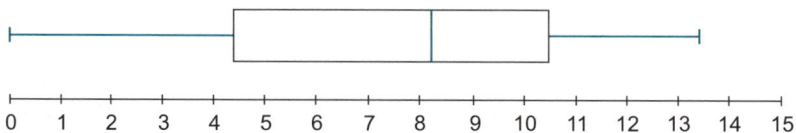

46. a) **Minimum = 0-mal**
Maximum = 300-mal

Da 1000 Leute befragt werden, befindet sich der Median zwischen der 500. und der 501. Antwort.

Es gilt:

$H(0) + H(5) + H(10) + H(20) = 133 + 89 + 62 + 216 = 500$

und

$H(0) + H(5) + H(10) + H(20) + H(50) = 500 + 185 = 685$

Also lautet der 500. Wert „20-mal", der 501. Wert „50-mal", somit muss gelten:

Median $= \dfrac{20\text{-mal} + 50\text{-mal}}{2} = $ 35-mal

Das 1. Quartil muss sich bei 1000 Befragten zwischen der 250. und der 251. Antwort befinden.

Wegen

$H(0) + H(5) = 133 + 89 = 222$

und

$H(0) + H(5) + H(10) = 222 + 62 = 284$

lautet sowohl die 250. als auch die 251. Antwort „10-mal".

Daraus folgt:

1. Quartil = 10-mal

Das 3. Quartil muss sich bei 1000 Befragten zwischen der 750. und der 751. Antwort befinden.

Es gilt:

$H(0) + H(5) + H(10) + H(20) + H(50) = 685$

und

$$H(0) + H(5) + H(10) + H(20) + H(50) + H(100) = 685 + 134 = 819$$

Daher lautet sowohl die 750. als auch die 751. Antwort „100-mal" und somit:

3. Quartil = 100-mal

b) Modalwert = 20,
da 216 die größte auftretende absolute Häufigkeit ist.

c)

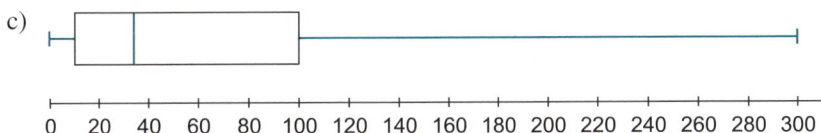

d) Es gilt:
H(„weniger als 10-mal") = H(0) + H(5) = 133 + 89 = 222

Wegen

$$\frac{222}{1\,000} = 0,222 = 22,2\,\%$$

liegt der Prozentsatz derer, die „LOCAfit" weniger als 10-mal getrunken haben, unter 30 %. Der Hersteller wird also keine weitere Werbekampagne starten.

e) Ja.
Der Boxplot zeigt, dass der linke „Whisker" von 0 bis 10 reicht. Somit haben 25 % der Befragten einen Wert geantwortet, der kleiner oder gleich 10 ist. Also haben 25 % der Passanten höchstens 10-mal „LOCAfit" getrunken. Der Prozentsatz derer, die weniger als 10-mal „LOCAfit" getrunken haben, kann also höchstens 25 % – und damit weniger als 30 % – betragen.

47. a) Nein, da P(2) = −0,2 gegeben ist, negative Wahrscheinlichkeiten jedoch nicht möglich sind.
Die Eigenschaft $0 \leq P(E) \leq 1$ ist nicht erfüllt.

b) Nein, da $P(\Omega) = P(A) + P(B) + P(C) = \frac{1}{3} + \frac{2}{5} + \frac{3}{7} = \frac{122}{105} > 1.$

Die Eigenschaft $P(\Omega) = 1$ ist nicht erfüllt.

c) Ja, da $P(\Omega) = P(r) + P(b) + P(g) = \frac{2}{3} + \frac{1}{4} + \frac{1}{12} = 1$ und zudem alle Wahrscheinlichkeiten ≥ 0 und ≤ 1 sind.

48. Man erwartet öfter die 1, da der Sektor der 1 größer ist als die Sektoren der beiden Primzahlen 2 und 3 zusammen.

49. a) Aus

$$P(1) = P(2) = P(3) = P(4) = P(5) = w$$

mit

$$1 = P(\Omega) = P(1) + P(2) + P(3) + P(4) + P(5)$$

ergibt sich:

$$1 = 5w \implies w = \frac{1}{5} = 0,2$$

ω	1	2	3	4	5
P(ω)	0,2	0,2	0,2	0,2	0,2

b) Aus

$$P(1) = 0,4$$

und

$$P(2) = P(3) = P(4) = P(5) = w$$

mit

$$1 = P(\Omega) = P(1) + P(2) + P(3) + P(4) + P(5)$$

ergibt sich:

$$1 = 0,4 + 4w \implies 4w = 0,6 \implies w = 0,15$$

ω	1	2	3	4	5
P(ω)	0,4	0,15	0,15	0,15	0,15

c) Aus

$$P(1) = P(2) = w$$

und

$$P(3) = P(4) = P(5) = v$$

und

$$v = 2w$$

sowie

$$1 = P(\Omega) = P(1) + P(2) + P(3) + P(4) + P(5)$$

ergibt sich:

$$1 = 2w + 3v \implies 1 = 2w + 6w \implies 1 = 8w$$

Somit:

$$w = \frac{1}{8} = 0,125 \quad \text{und} \quad v = 2 \cdot \frac{1}{8} = \frac{1}{4} = 0,25$$

ω	1	2	3	4	5
P(ω)	0,125	0,125	0,25	0,25	0,25

d) Da

$$P(1):P(2):P(3):P(4):P(5) = 1:2:4:2:1,$$

wurden insgesamt

$$1+2+4+2+1 = 10 \text{ Teile}$$

verteilt.

Wegen $P(\Omega) = 1$ muss jedes Teil die Größe $\frac{1}{10} = 0,1$ haben. Es ergibt sich:

ω	1	2	3	4	5
P(ω)	0,1	0,2	0,4	0,2	0,1

50. Wegen

$$P(\{b; c; d\}) = P(\overline{a}) = 1 - P(a)$$

gilt:

$$P(a) = 1 - P(\{b; c; d\}) = 1 - 0,9 = 0,1$$

$$P(\{a; b\}) = P(a) + P(b) \quad \Rightarrow \quad 0,4 = 0,1 + P(b) \quad \Rightarrow \quad P(b) = 0,3$$

$$P(\{b; d\}) = P(b) + P(d) \quad \Rightarrow \quad 0,5 = 0,3 + P(d) \quad \Rightarrow \quad P(d) = 0,2$$

$$P(\{b; c; d\}) = P(b) + P(c) + P(d) \quad \Rightarrow \quad 0,9 = 0,3 + P(c) + 0,2 \quad \Rightarrow \quad P(c) = 0,4$$

oder

$$P(c) = 1 - P(a) - P(b) - P(d) = 1 - 0,1 - 0,3 - 0,2 = 0,4$$

ω	a	b	c	d
P(ω)	0,1	0,3	0,4	0,2

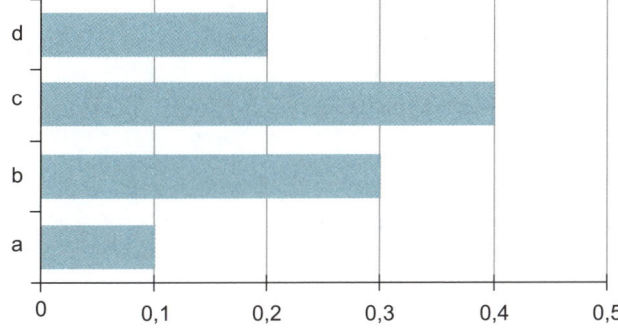

51. Aus

$P(\text{Anne}) = P(\text{Claudia}) = m$

und

$P(\text{Boris}) = P(\text{Dennis}) = P(\text{Emil}) = j$

sowie

$m = 2j$

mit

$P(\Omega) = P(\text{Anne}) + P(\text{Claudia}) + P(\text{Boris}) + P(\text{Dennis}) + P(\text{Emil})$

ergibt sich:

$1 = 2m + 3j \quad \Rightarrow \quad 1 = 4j + 3j \quad \Rightarrow \quad 1 = 7j \quad \Rightarrow \quad j = \frac{1}{7}$ und $m = \frac{2}{7}$

a) $P(\text{Claudia}) = m = \frac{2}{7}$

b) $P(\text{Dennis}) = j = \frac{1}{7}$

c) $P(\text{Mädchen}) = P(\text{Anne}) + P(\text{Claudia}) = 2m = \frac{4}{7}$

52. a) $P(\text{weiß}) = \frac{1}{5} = 0,2$

$P(\text{blau}) = 30\,\% \text{ von } 80\,\% = 0,3 \cdot 0,8 = 0,24$

$P(\text{gelb}) = 20\,\% \text{ von } 80\,\% = 0,2 \cdot 0,8 = 0,16$

$P(\text{rot}) = P(\Omega) - P(\text{weiß}) - P(\text{blau}) - P(\text{gelb})$
$\phantom{P(\text{rot})} = 1 - 0,2 - 0,24 - 0,16 = 0,4 = 40\,\%$

Hinweis: Achten Sie darauf, dass sich die Prozentangaben für blau und gelb auf die übrigen, also nicht weißen Kugeln beziehen.

b) $40\,\% \,\hat{=}\, 120$ Kugeln
$10\,\% \,\hat{=}\, 30$ Kugeln
$100\,\% \,\hat{=}\, 300$ Kugeln

In der Schüssel befinden sich 300 Kugeln.

53. Aus

$P(\text{Andi}) = P(\text{Christian}) = 2 \cdot P(\text{Brian}) = 3 \cdot P(\text{Dominik})$

folgt:

$P(\text{Brian}) = \frac{1}{2} \cdot P(\text{Andi})$

$P(\text{Dominik}) = \frac{1}{3} \cdot P(\text{Andi})$

Wegen

$P(\Omega) = P(\text{Andi}) + P(\text{Brian}) + P(\text{Christian}) + P(\text{Dominik})$

gilt:

$1 = P(\text{Andi}) + \frac{1}{2} \cdot P(\text{Andi}) + P(\text{Andi}) + \frac{1}{3} \cdot P(\text{Andi})$

$1 = \frac{17}{6} \cdot P(\text{Andi})$

$\Rightarrow \quad P(\text{Andi}) = \frac{6}{17}$

$\quad P(\text{Christian}) = \frac{6}{17}$

$\quad P(\text{Brian}) = \frac{1}{2} \cdot \frac{6}{17} = \frac{3}{17}$

$\quad P(\text{Dominik}) = \frac{1}{3} \cdot \frac{6}{17} = \frac{2}{17}$

54. a) Da

$P(1):P(2):P(3):P(4):P(5):P(6) = 1:2:3:4:5:6,$

wird die Gesamtwahrscheinlichkeit in insgesamt

$1 + 2 + 3 + 4 + 5 + 6 = 21$ Teile

geteilt.

Wegen $P(\Omega) = 1$ muss jedes Teil die Größe $\frac{1}{21}$ haben.

Es ergibt sich:

ω	1	2	3	4	5	6
$P(\omega)$	$\frac{1}{21}$	$\frac{2}{21}$	$\frac{3}{21} = \frac{1}{7}$	$\frac{4}{21}$	$\frac{5}{21}$	$\frac{6}{21} = \frac{2}{7}$

b) $P(\text{gerade}) = P(2) + P(4) + P(6) = \frac{12}{21} = \frac{4}{7}$

$P(\text{prim}) = P(2) + P(3) + P(5) = \frac{10}{21}$

$P(\text{gerade oder prim}) = P(2) + P(4) + P(6) + P(3) + P(5) = P(\overline{1})$

$\qquad\qquad = 1 - \frac{1}{21} = \frac{20}{21}$

$P(\text{entweder gerade oder prim}) = P(4) + P(6) + P(3) + P(5) = \frac{18}{21} = \frac{6}{7}$

55. a) $P(B) = 1 - P(\overline{B}) = 1 - \frac{1}{3} = \frac{2}{3}$

Aus

$P(A \cup B) = P(A) + P(B) - P(A \cap B)$

folgt:

$$P(A) = P(A \cup B) - P(B) + P(A \cap B) = \frac{3}{4} - \frac{2}{3} + \frac{1}{12} = \frac{1}{6}$$

b) $P(A \setminus B) = P(A) - P(A \cap B) = \frac{1}{6} - \frac{1}{12} = \frac{1}{12}$

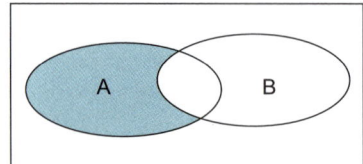

c) $P(\overline{A} \cap B) = P(B) - P(A \cap B) = \frac{2}{3} - \frac{1}{12} = \frac{7}{12}$

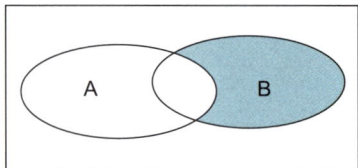

56. a) P(sowohl A als auch B) = $P(A \cap B)$

$$P(A \cap B) = P(A) - P(A \setminus B) = \frac{3}{8} - \frac{1}{4} = \frac{1}{8}$$

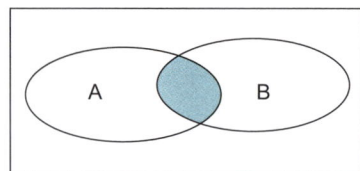

b) $P(B, \text{ aber nicht } A) = P(B \setminus A) = P(A \cup B) - P(A) = \frac{3}{4} - \frac{3}{8} = \frac{3}{8}$

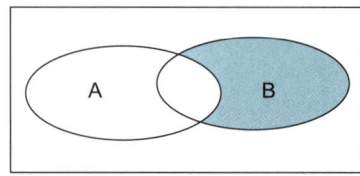

c) P(entweder A oder B) = $P(A \setminus B \ \cup \ B \setminus A) = P(A \setminus B) + P(B \setminus A)$

$$= \frac{1}{4} + \frac{3}{8} = \frac{5}{8}$$

oder

$$P(\text{entweder A oder B}) = P((A \cup B) \setminus (A \cap B)) = P(A \cup B) - P(A \cap B)$$
$$= \frac{3}{4} - \frac{1}{8} = \frac{5}{8}$$

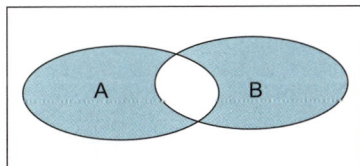

d) $P(\text{weder A noch B}) = P(\overline{A} \cap \overline{B}) = P(\overline{A \cup B}) = 1 - P(A \cup B)$
$$= 1 - \frac{3}{4} = \frac{1}{4}$$

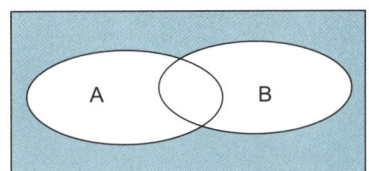

57. In der Schale befinden sich insgesamt

$$72 + 64 + 40 + 32 + 24 + 16 + 8 = 256$$

Smarties. Für die Farben ergeben sich damit die Wahrscheinlichkeiten:

ω	rot	blau	grün	weiß
P(ω)	$\frac{72}{256} = \frac{9}{32}$	$\frac{64}{256} = \frac{1}{4}$	$\frac{40}{256} = \frac{5}{32}$	$\frac{32}{256} = \frac{1}{8}$
P(ω) in %	28,125	25	15,625	12,5

ω	lila	orange	braun
P(ω)	$\frac{24}{256} = \frac{3}{32}$	$\frac{16}{256} = \frac{1}{16}$	$\frac{8}{256} = \frac{1}{32}$
P(ω) in %	9,375	6,25	3,125

58. Da jede der 12 Seitenflächen des Dodekaeders die gleiche Wahrscheinlichkeit besitzt, gilt für die Wahrscheinlichkeit der einzelnen Zahlen:

ω	1	2	3	4	5	6
P(ω)	$\frac{1}{12}$	$\frac{1}{12}$	$\frac{1}{12}$	$\frac{2}{12} = \frac{1}{6}$	$\frac{3}{12} = \frac{1}{4}$	$\frac{4}{12} = \frac{1}{3}$

a) $P(\text{gerade}) = P(\{2; 4; 6\}) = P(2) + P(4) + P(6) = \frac{1}{12} + \frac{1}{6} + \frac{1}{3} = \frac{7}{12} \approx 58,3\,\%$

b) $P(\text{keine } 6) = 1 - P(6) = 1 - \frac{1}{3} = \frac{2}{3} \approx 66,7\,\%$

c) $P(\text{Primzahl}) = P(\{2; 3; 5\}) = P(2) + P(3) + P(5) = \frac{1}{12} + \frac{1}{12} + \frac{1}{4} = \frac{5}{12} \approx 41,7\,\%$

d) $P(\text{entweder gerade oder prim}) = P(3) + P(4) + P(5) + P(6)$
$$= \frac{1}{12} + \frac{1}{6} + \frac{1}{4} + \frac{1}{3} = \frac{10}{12} = \frac{5}{6} \approx 83,3\,\%$$

e) $P(\text{weder gerade noch prim}) = P(1) = \frac{1}{12} \approx 8,3\,\%$

59. a) Die 360° des Glücksrads entsprechen der Summenwahrscheinlichkeit 1.
Somit gilt:

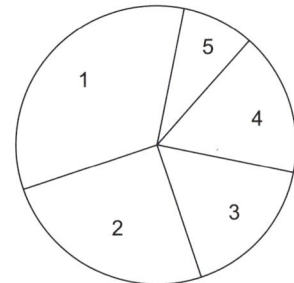

Sektor 1: $\frac{1}{3} \cdot 360° = 120°$

Sektor 2: $\frac{1}{4} \cdot 360° = 90°$

Sektor 3: $\frac{1}{6} \cdot 360° = 60°$

Sektor 4: $\frac{1}{6} \cdot 360° = 60°$

Sektor 5: $\frac{1}{12} \cdot 360° = 30°$

Da die Sektoren unterschiedliche Größen haben, ist die Laplace-Annahme
für die einzelnen Ziffern nicht erfüllt.

b) Soll dennoch mit Laplace gerechnet werden können, so muss das Glücksrad in gleich große Sektoren aufgeteilt sein. Dazu schaut man, wie man
die einzelnen Mittelpunktswinkel gleichmäßig zerlegen kann.

Sektor 1: $120° = 4 \cdot 30°$
Sektor 2: $90° = 3 \cdot 30°$
Sektor 3: $60° = 2 \cdot 30°$
Sektor 4: $60° = 2 \cdot 30°$
Sektor 5: $30° = 1 \cdot 30°$

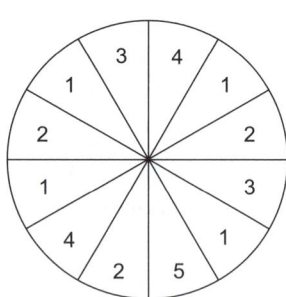

Das Glücksrad kann also in 12 gleich
große Sektoren von je 30° zerlegt werden, von denen dann vier mit 1, drei mit
2, zwei mit 3, zwei mit 4 und einer mit
5 beschriftet werden.

60. a) Ω_1 erfüllt die Laplace-Annahme, da die Münze mit jeweils gleicher Wahrscheinlichkeit auf Zahl oder Kopf fällt und das Oktaeder stets eine Zahl zeigt. Allerdings ist Ω_1 nicht sehr aussagekräftig, da es nur bei der Münze unterscheidet.

Ω_2 erfüllt die Laplace-Annahme. Jedes der 16 Ergebnisse ist gleich wahrscheinlich.

b) Ω_1 erfüllt die Laplace-Annahme nicht, da „dreimal Zahl" und „keinmal Zahl" nur auf eine Art möglich sind, während „zweimal Zahl" und „einmal Zahl" auf je drei Arten (ZZK, ZKZ, KZZ bzw. KKZ, KZK, ZKK) eintreten können.

Da Ω_2 die Kurzschreibweise von Ω_1 ist, erfüllt Ω_2 die Laplace-Annahme nicht.

Ω_3 erfüllt die Laplace-Annahme. Jedes dieser 8 Ergebnisse tritt mit der Wahrscheinlichkeit $\frac{1}{8}$ ein.

c) Ω_1 erfüllt die Laplace-Annahme nicht, da sich hinter „Pasch" die sechs Ergebnisse 11, 22, 33, 44, 55, 66 verbergen, während „nicht Pasch" die dreißig Ergebnisse 12, 13, 14, 15, 16, 21, 23, 24, 25, 26, 31, 32, 34, 35, 36, 41, 42, 43, 45, 46, 51, 52, 53, 54, 56, 61, 62, 63, 64, 65 umfasst.

Bei Ω_2 ist zu beachten, dass das Ergebnis 12 für „1 auf rot mit 2 auf grün" **und** „1 auf grün mit 2 auf rot" steht. Das Ergebnis 66 ist nur auf eine Weise möglich, nämlich „6 auf rot mit 6 auf grün". Das Ergebnis 12 ist auf 2 Arten möglich. Das Ergebnis 12 ist doppelt so wahrscheinlich wie das Ergebnis 66. Ω_2 erfüllt die Laplace-Annahme nicht, da nicht auf die unterschiedlichen Farben der Würfel geachtet wurde.

Ω_3 zeigt die Augensumme der beiden Würfel. Ω_3 erfüllt die Laplace-Annahme nicht, da z. B. die Augensumme 12 nur durch das Ergebnis 66 zu erzielen ist, die Augensumme 10 aber durch 46, 64 und 55.

d) Ω_1 erfüllt die Laplace-Annahme nicht, da man davon ausgehen kann, dass sich in der Lostrommel nicht die gleiche Anzahl an Gewinnen und Nieten befindet.

Ω_2 erfüllt die Laplace-Annahme nicht, da man davon ausgehen kann, dass sich in der Lostrommel nicht die gleiche Anzahl an Hauptgewinnen, Preisen, Trostpreisen und Nieten befindet.

61. a) Tim kommt mit einer 2 (Ziehen gegen den Uhrzeigersinn) oder einer 5 (Ziehen mit dem Uhrzeigersinn) auf ein Feld, das es ihm erlaubt, nochmals zu würfeln.

$\text{P(nochmals würfeln)} = \text{P}(2) + \text{P}(5) = \frac{1}{6} + \frac{1}{6} \approx 0{,}3333 = 33{,}33\,\%$

b) Isabella kommt mit einer 1 (Ziehen gegen den Uhrzeigersinn), einer 3 (Ziehen gegen den Uhrzeigersinn) oder einer 4 (Ziehen mit dem Uhrzeigersinn) unmittelbar auf ein Feld, das es ihr erlaubt, einen Wissensstein zu erwerben.

$$P(\text{Wissensstein erwerben}) = P(1) + P(3) + P(4) = \tfrac{1}{6} + \tfrac{1}{6} + \tfrac{1}{6} = 0,5 = 50\ \%$$

c) Isabella kommt mit einer 5 (Ziehen gegen den Uhrzeigersinn) oder einer 2 (Ziehen mit dem Uhrzeigersinn) auf ein Feld, das es ihr erlaubt, nochmals zu würfeln.

Ist Isabella 5 Felder gegen den Uhrzeigersinn gezogen, so muss sie nun mit einer 3 oder 5 weiter gegen den Uhrzeigersinn oder mit einer 2 oder 4 im Uhrzeigersinn ziehen, um auf ein Feld zu gelangen, bei dem sie einen Wissensstein erwerben kann.

Ist Isabella 2 Felder mit dem Uhrzeigersinn gezogen, so muss sie nun mit einer 2 oder 4 weiter mit dem Uhrzeigersinn oder mit einer 3 oder 5 gegen den Uhrzeigersinn ziehen, um auf ein Feld zu kommen, bei dem sie einen Wissensstein erwerben kann.

Insgesamt gibt es $6 \cdot 6 = 36$ mögliche Wurfergebnisse bei 2 Würfen.

P(Wissensstein mit zweimal Würfeln)
$$= P(53) + P(55) + P(52) + P(54) + P(22) + P(24) + P(23) + P(25)$$
$$= \tfrac{1}{36} + \tfrac{1}{36} + \tfrac{1}{36} + \tfrac{1}{36} + \tfrac{1}{36} + \tfrac{1}{36} + \tfrac{1}{36} + \tfrac{1}{36} = \tfrac{8}{36} \approx 0,2222 = 22,22\ \%$$

62. Susannes 1. Fehler: Es gibt 400 dreistellige Zahlen, die größer als 599 sind.

Susanne zieht fälschlicherweise auch die Zahl 600 ab. Richtig muss die Rechnung lauten: $999 - 599 = 400$ Zahlen

Oder mit dem Zählprinzip:
An der Hunderterstelle können die Ziffern 6, 7, 8 und 9 stehen, an der Zehnerstelle kann eine beliebige der 10 Ziffern (0, 1, 2, 3, 4, 5, 6, 7, 8, 9) stehen, an der Einerstelle kann eine beliebige der 10 Ziffern (0, 1, 2, 3, 4, 5, 6, 7, 8, 9) stehen.

$$|\Omega| = 4 \cdot 10 \cdot 10 = 400$$

Susannes 2. Fehler: Eine Zahl ist durch 5 teilbar, wenn an der Einerstelle eine 5 oder eine 0 steht. Für die Einerstelle kommen also 2 Ziffern infrage.

Die richtige Rechnung lautet somit:

$$|E| = 4 \cdot 10 \cdot 2 = 80$$

Es sind also 80 Zahlen durch 5 teilbar.

Es ergibt sich:

P(dreistellige Zahl, größer 599 und durch 5 teilbar) $= \frac{|E|}{|\Omega|} = \frac{80}{400} = \frac{1}{5} = 20\,\%$

63. Listet man die Zahlen auf, so ergibt sich:

$\Omega = \{357;\ 359;\ 375;\ 379;\ 395;\ 397;\ 537;\ 539;\ 573;\ 579;\ 593;\ 597;$
$\qquad 735;\ 739;\ 753;\ 759;\ 793;\ 795;\ 935;\ 937;\ 953;\ 957;\ 973;\ 975\}$

$|\Omega| = 24$

Oder mit dem Zählprinzip:

Jede Ziffer kommt höchstens einmal vor. Da die 3 Ziffern ohne Zurücklegen aus den 4 Ziffern 3, 5, 7 und 9 gezogen werden, nimmt die Anzahl nach jedem Zug um 1 ab.

$|\Omega| = 4 \cdot 3 \cdot 2 = 24$

Ereignis E_1:

$E_1 = \{375;\ 395;\ 735;\ 795;\ 935;\ 975\}$

Oder mit dem Zählprinzip:

An der Einerstelle muss die 5 sein. Somit stehen für die Hunderterstelle nur noch 3 und für die Zehnerstelle nur noch 2 Ziffern zur Verfügung.

$|E_1| = 3 \cdot 2 \cdot 1 = 6$

Somit gilt:

P(durch 5 teilbar) $= \frac{|E_1|}{|\Omega|} = \frac{6}{24} = 0,25 = 25\,\%$

Ereignis E_2:

$E_2 = \{357;\ 359;\ 375;\ 379;\ 395;\ 397;\ 537;\ 539;\ 573;\ 579;\ 593;\ 597\}$

Oder mit dem Zählprinzip:

An der Hunderterstelle kann nur die 3 oder die 5 stehen, an der Zehner- bzw. Einerstelle steht dann eine der restlichen 3 bzw. 2 Ziffern.

$|E_2| = 2 \cdot 3 \cdot 2 = 12$

Somit gilt:

P(kleiner als 700) $= \frac{|E_2|}{|\Omega|} = \frac{12}{24} = 0,5 = 50\,\%$

Ereignis E_3:

Damit die Zahl durch 3 teilbar ist, muss ihre Quersumme durch 3 teilbar sein. Das ist nur möglich, wenn die Zahl entweder aus den Ziffern 3, 5 und 7 oder aus den Ziffern 5, 7 und 9 besteht.

$E_3 = \{357;\ 375;\ 537;\ 573;\ 735;\ 753;\ 579;\ 597;\ 759;\ 795;\ 957;\ 975\}$

Oder mit dem Zählprinzip:

Die drei Ziffern 3, 5 und 7 bzw. 5, 7 und 9 werden auf die 3 Plätze verteilt. Für die Hunderterstelle stehen 3 Ziffern zur Auswahl, für die Zehnerstelle nur noch 2 und für die Einerstelle nur noch 1.

$$|E_3| = 3 \cdot 2 \cdot 1 + 3 \cdot 2 \cdot 1 = 3! + 3! = 12$$

Somit gilt:

$$P(\text{durch 3 teilbar}) = \frac{|E_3|}{|\Omega|} = \frac{12}{24} = 0,5 = 50\,\%$$

64. Insgesamt gibt es beim Billard 15 Kugeln (die sieben „vollen", also völlig gefärbten Kugeln, die sieben „halben", also nur zum Teil gefärbten Kugeln, sowie die schwarze Kugel). Beim Befüllen der dreieckigen Form werden zunächst die drei Ecken belegt, dafür gibt es

$$|\Omega| = 15 \cdot 14 \cdot 13 = 2\,730$$

verschiedene Möglichkeiten.

a) Für die 1. Ecke stehen 7 volle Kugeln zur Verfügung, für die 2. Ecke noch 6, für die 3. Ecke noch 5.

$$|E_1| = 7 \cdot 6 \cdot 5 = 210$$

Somit gilt:

$$P(\text{in den Ecken nur volle Kugeln}) = \frac{|E_1|}{|\Omega|} = \frac{210}{2\,730} \approx 0,077 = 7,7\,\%$$

b) Die Kugeln tragen als Aufschrift die Zahlen von 1 bis 15. Darunter gibt es die folgenden sechs Primzahlen: 2, 3, 5, 7, 11, 13

$$|E_2| = 6 \cdot 5 \cdot 4 = 120$$

Somit gilt:

$$P(\text{in den Ecken nur Primzahlen}) = \frac{|E_2|}{|\Omega|} = \frac{120}{2\,730} \approx 0,044 = 4,4\,\%$$

c) Die schwarze Kugel kann entweder in der 1. Ecke, 2. Ecke oder 3. Ecke liegen. In den beiden restlichen Ecken soll jeweils eine halbe Kugel liegen. Dafür stehen erst 7, dann 6 Kugeln zur Auswahl.

$$|E_3| = 1 \cdot 7 \cdot 6 + 7 \cdot 1 \cdot 6 + 7 \cdot 6 \cdot 1 = 126$$

Somit gilt:

$$P(\text{in den Ecken zwei halbe sowie die schwarze Kugel}) = \frac{|E_3|}{|\Omega|} = \frac{126}{2\,730}$$

$$\approx 0,046 = 4,6\,\%$$

65. Jede Ziffer kann beliebig oft vorkommen. Da die 3 Ziffern mit Zurücklegen aus den 5 Ziffern 1, 3, 5, 7 und 9 gezogen werden, bleibt die Anzahl nach jedem Zug gleich.

$$|\Omega| = 5 \cdot 5 \cdot 5 = 5^3 = 125$$

a) An der Einerstelle muss die 5 sein. Für die Hunderter- und die Zehnerstelle stehen jeweils alle fünf Ziffern zur Verfügung.

$$|E_1| = 5 \cdot 5 \cdot 1 = 25$$

Somit gilt:

$$P(\text{durch 5 teilbar}) = \frac{|E_1|}{|\Omega|} = \frac{25}{125} = 0,2 = 20\,\%$$

b) An der Hunderterstelle können die Ziffern 1, 3 oder 5 stehen. Für die Zehner- und die Einerstelle stehen jeweils alle fünf Ziffern zur Verfügung.

$$|E_2| = 3 \cdot 5 \cdot 5 = 75$$

Somit gilt:

$$P(\text{kleiner als 700}) = \frac{|E_2|}{|\Omega|} = \frac{75}{125} = 0,6 = 60\,\%$$

c) An der Hunderterstelle kann eine der fünf Ziffern stehen. Für die Zehner- und die Einerstelle kommt dann nur noch diese eine Ziffer infrage.

$$|E_3| = 5 \cdot 1 \cdot 1 = 5$$

Somit gilt:

$$P(\text{stets gleiche Ziffer}) = \frac{|E_3|}{|\Omega|} = \frac{5}{125} = 0,04 = 4\,\%$$

d) An der Hunderter- und an der Zehnerstelle kann eine der fünf Ziffern stehen. Für die Einerstelle kommt nur noch die eine Ziffer infrage, die auf der Hunderterstelle steht.

$$|E_4| = 5 \cdot 5 \cdot 1 = 25$$

Somit gilt:

$$P(\text{erste und letzte Stelle dieselbe Ziffer}) = \frac{|E_4|}{|\Omega|} = \frac{25}{125} = 0,2 = 20\,\%$$

e) Die 1 kann entweder auf der Hunderter- oder auf der Zehner- oder auf der Einerstelle stehen. Auf den beiden restlichen Stellen darf keine 1 stehen, also kommt dort nur eine der restlichen vier Ziffern (3, 5, 7, 9) infrage.

$$|E_5| = 1 \cdot 4 \cdot 4 + 4 \cdot 1 \cdot 4 + 4 \cdot 4 \cdot 1 = 48$$

Somit gilt:

$$P(\text{genau einmal 1}) = \frac{|E_5|}{|\Omega|} = \frac{48}{125} = 0,384 = 38,4\,\%$$

66. Für das einmalige Werfen einer Laplace-Münze gibt es die möglichen Ergebnisse „Kopf" oder „Zahl". Wird die Münze zehnmal geworfen, so gilt:

$|\Omega| = 2^{10} = 1\,024$

a) An der ersten und an der letzten Stelle gibt es immer nur die eine Möglichkeit „Zahl", an den mittleren acht Stellen kann eine der beiden Seiten der Münze erscheinen.

$|E_1| = 1 \cdot 2 \cdot 2 \cdot 2 \cdot 2 \cdot 2 \cdot 2 \cdot 2 \cdot 2 \cdot 1 = 2^8 = 256$

Somit:

P(erster und letzter Wurf Zahl) $= P(E_1) = \frac{2^8}{2^{10}} = \frac{1}{2^2} = \frac{1}{4} = 0,25 = 25\,\%$

b) An der ersten Stelle erscheint eine der beiden Seiten der Münze und genau diese muss auch an der letzten Stelle auftauchen, an den mittleren acht Stellen kann eine der beiden Seiten der Münze erscheinen.

$|E_2| = 2 \cdot 2 \cdot 2 \cdot 2 \cdot 2 \cdot 2 \cdot 2 \cdot 2 \cdot 2 \cdot 1 = 2^9 = 512$

Somit:

P(erster und letzter Wurf gleich) $= P(E_2) = \frac{2^9}{2^{10}} = \frac{1}{2} = 0,5 = 50\,\%$

c) An allen zehn Stellen muss stets die Zahl erscheinen.

$|E_3| = 1^{10} = 1$

Somit:

P(immer Zahl) $= P(E_3) = \frac{1^{10}}{2^{10}} = \frac{1}{1\,024} \approx 0,00098 = 0,098\,\%$

67. Da sich in der Klasse insgesamt $18 + 14 = 32$ Schüler befinden, gibt es für den 1. Klassensprecher 32 und für den 2. Klassensprecher dann noch 31 Möglichkeiten.

Somit gilt:

$|\Omega| = 32 \cdot 31 = 992$

a) Als 1. Klassensprecher wird eines der 14 Mädchen gewählt, für den 2. Klassensprecher stehen dann noch 31 Jungen und Mädchen zur Wahl.

$|E_1| = 14 \cdot 31 = 434$

Somit:

P(1. Klassensprecher ein Mädchen) $= \frac{434}{992} = 0,4375 = 43,75\,\%$

b) Als 1. Klassensprecher wird eines der 14 Mädchen gewählt, für den 2. Klassensprecher stehen dann noch 13 Mädchen zur Wahl.

$|E_2| = 14 \cdot 13 = 182$

Somit:

P(beide Klassensprecher Mädchen) = $\frac{182}{992} \approx 0,1835 = 18,35\,\%$

c) Das Mädchen kann entweder als 1. oder als 2. Klassensprecher gewählt werden.

Wird als 1. Klassensprecher eines der 14 Mädchen gewählt, so muss der 2. Klassensprecher einer der 18 Jungen sein.

Wird aber als 1. Klassensprecher einer der 18 Jungen gewählt, so muss der 2. Klassensprecher eines der 14 Mädchen sein.

$|E_3| = 14 \cdot 18 + 18 \cdot 14 = 504$

Somit:

P(genau ein Klassensprecher ein Mädchen) = $\frac{504}{992} \approx 0,5081 = 50,81\,\%$

68. Achtung! Als Ergebnismenge für das einmalige Ziehen darf nicht {rot; blau; weiß} gewählt werden, da dieses Ω die Laplace-Annahme nicht erfüllt.

Für das einmalige Ziehen wäre z. B. {rot_1; rot_2; rot_3; rot_4; rot_5; rot_6; rot_7; rot_8; rot_9; rot_{10}; $blau_1$; $blau_2$; $blau_3$; $blau_4$; $blau_5$; $blau_6$; $blau_7$; $weiß_1$; $weiß_2$; $weiß_3$} geeignet.

Zu Beginn befinden sich 20 Luftballons in Katjas Box. Da fünfmal nacheinander ohne Zurücklegen gezogen wird, wird die Anzahl der Luftballons bei jeder Ziehung um 1 kleiner. Somit gilt:

$|\Omega| = 20 \cdot 19 \cdot 18 \cdot 17 \cdot 16 = 1\,860\,480$

a) Bei jedem Zug nimmt die Anzahl der anfangs 10 roten Luftballons um 1 ab.

$|E_1| = 10 \cdot 9 \cdot 8 \cdot 7 \cdot 6 = 30\,240$

Somit:

P(alle 5 Luftballons rot) = $\frac{30\,240}{1\,860\,480} \approx 0,0163 = 1,63\,\%$

b) Da fünfmal ohne Zurücklegen gezogen wird, können nur dann alle 5 Luftballons die gleiche Farbe haben, wenn sie rot oder blau sind, denn es gibt nur 3 weiße Luftballons.

$|E_2| = 10 \cdot 9 \cdot 8 \cdot 7 \cdot 6 + 7 \cdot 6 \cdot 5 \cdot 4 \cdot 3 = 32\,760$

Somit:

P(alle 5 Luftballons gleiche Farbe) = $\frac{32\,760}{1\,860\,480} \approx 0,0176 = 1,76\,\%$

c) Nach dem ersten Zug „rot" sind noch 19 Luftballons vorhanden, aus denen dann weiter gezogen wird.

$$|E_3| = 10 \cdot 19 \cdot 18 \cdot 17 \cdot 16 = 930\,240$$

Somit:

$$P(\text{erster Luftballon rot}) = \frac{930\,240}{1\,860\,480} = 0,5 = 50\,\%$$

d) Bei den ersten drei Zügen kann nur aus anfangs 10 nicht roten (7 blauen $+3$ weißen) Luftballons gezogen werden, die beiden letzten Luftballons sind dann rot.

$$|E_4| = 10 \cdot 9 \cdot 8 \cdot 10 \cdot 9 = 64\,800$$

Somit:

$$P(\text{nur die beiden letzten Luftballons rot}) = \frac{64\,800}{1\,860\,480} \approx 0,0348 = 3,48\,\%$$

e) Das Ereignis „mindestens ein blauer Luftballon" ist das Gegenereignis zu „kein blauer Luftballon". Also:

P(mindestens ein Luftballon blau) = 1 − P(kein Luftballon blau)

Man zählt also die Möglichkeiten, aus nur nicht blauen Luftballons zu ziehen. Anfangs sind es 13 (10 rote $+3$ weiße) nicht blaue Luftballons:

$$|E_5| = 13 \cdot 12 \cdot 11 \cdot 10 \cdot 9 = 154\,440$$

Somit:

P(mindestens ein Luftballon blau) = 1 − P(kein Luftballon blau)

$$= 1 - \frac{154\,440}{1\,860\,480} \approx 1 - 0,0830$$

$$= 0,9170 = 91,70\,\%$$

f) Hier geht man wie in Teilaufgabe e vor. Also:

P(mindestens ein Luftballon weiß) = 1 − P(kein Luftballon weiß)

Anfangs befinden sich 17 nicht weiße (10 rote $+7$ blaue) Luftballons in der Box.

$$|E_6| = 17 \cdot 16 \cdot 15 \cdot 14 \cdot 13 = 742\,560$$

Somit:

P(mindestens ein Luftballon weiß) = 1 − P(kein Luftballon weiß)

$$= 1 - \frac{742\,560}{1\,860\,480} \approx 1 - 0,3991$$

$$= 0,6009 = 60,09\,\%$$

69. Beachten Sie, dass hier dieselbe Ergebnismenge wie in Aufgabe 68 zugrundegelegt werden muss, also z. B. $\{rot_1;\ rot_2;\ rot_3;\ rot_4;\ rot_5;\ rot_6;\ rot_7;\ rot_8;\ rot_9;$ $rot_{10};\ blau_1;\ blau_2;\ blau_3;\ blau_4;\ blau_5;\ blau_6;\ blau_7;\ wei\beta_1;\ wei\beta_2;\ wei\beta_3\}$.

Da fünfmal nacheinander mit Zurücklegen gezogen wird, sind bei jeder Ziehung wieder alle 20 Kugeln in der Schale. Somit gilt:

$|\Omega| = 20 \cdot 20 \cdot 20 \cdot 20 \cdot 20 = 20^5 = 3\,200\,000$

a) Bei jedem Zug liegen 7 blaue Kugeln in der Schale.

$|E_1| = 7 \cdot 7 \cdot 7 \cdot 7 \cdot 7 = 7^5 = 16\,807$

Somit:

$P(\text{alle 5 Kugeln blau}) = \dfrac{16\,807}{3\,200\,000} \approx 0,0053 = 0,53\ \%$

b) Da fünfmal ohne Zurücklegen gezogen wird, können alle 5 Kugeln rot oder blau oder weiß sein.

$|E_2| = 10 \cdot 10 \cdot 10 \cdot 10 \cdot 10 + 7 \cdot 7 \cdot 7 \cdot 7 \cdot 7 + 3 \cdot 3 \cdot 3 \cdot 3 \cdot 3 = 117\,050$

Somit:

$P(\text{alle 5 Kugeln gleiche Farbe}) = \dfrac{117\,050}{3\,200\,000} \approx 0,0366 = 3,66\ \%$

c) Im 1. Zug soll eine blaue Kugel gezogen werden, hierfür gibt es 7 Möglichkeiten. Für die weiteren Züge sind wieder jeweils alle 20 Kugeln verfügbar.

$|E_3| = 7 \cdot 20 \cdot 20 \cdot 20 \cdot 20 = 1\,120\,000$

Somit:

$P(\text{erste Kugel blau}) = \dfrac{1\,120\,000}{3\,200\,000} = 0,35 = 35\ \%$

d) Bei den ersten drei Zügen kann nur aus den 13 nicht blauen (10 rote + 3 weiße) Kugeln gezogen werden. Da die beiden letzten Kugeln blau sein sollen, gibt es hierfür jeweils 7 Möglichkeiten.

$|E_4| = 13 \cdot 13 \cdot 13 \cdot 7 \cdot 7 = 13^3 \cdot 7^2 = 107\,653$

Somit:

$P(\text{nur die beiden letzten Kugeln rot}) = \dfrac{107\,653}{3\,200\,000} \approx 0,0336 = 3,36\ \%$

e) Das Ereignis „mindestens eine blaue Kugel" ist das Gegenereignis zu „keine blaue Kugel". Also:

$P(\text{mindestens eine Kugel blau}) = 1 - P(\text{keine Kugel blau})$

Es kann nur aus den 13 nicht blauen (10 rote + 3 weiße) Kugeln gezogen werden.

$|E_5| = 13 \cdot 13 \cdot 13 \cdot 13 \cdot 13 = 13^5 = 371\,293$

Somit:

P(mindestens eine Kugel blau) = 1 − P(keine Kugel blau)

$$= 1 - \frac{371\,293}{3\,200\,000} \approx 1 - 0,1160$$

$$= 0,8840 = 88,40\,\%$$

f) Hier geht man wie in Teilaufgabe e vor. Also:
P(mindestens eine Kugel weiß) = 1 − P(keine Kugel weiß)

Es befinden sich stets 17 nicht weiße (10 rote + 7 blaue) Kugeln in der Schale.

$|E_6| = 17 \cdot 17 \cdot 17 \cdot 17 \cdot 17 = 17^5 = 1\,419\,857$

Somit:

P(mindestens eine Kugel weiß) = 1 − P(keine Kugel weiß)

$$= 1 - \frac{1\,419\,857}{3\,200\,000} \approx 1 - 0,4437$$

$$= 0,5563 = 55,63\,\%$$

70. Ein Skatspiel besteht aus je 8 Karten in den „Farben" Herz, Karo, Kreuz und Pik. In jeder Farbe gibt es die „Werte" 7, 8, 9, 10, Bube, Dame, König, As.

Da die 3 Karten ohne Zurücklegen gezogen werden, nimmt die Anzahl der Karten nach jedem Zug um 1 ab. Somit gilt:

$|\Omega| = 32 \cdot 31 \cdot 30 = 29\,760$

a) Das Spiel enthält 4 Buben. Wird einer gezogen, so sind nur noch 3 im Spiel, wird nochmals ein Bube gezogen, sind es nur noch 2.

$$P(3\text{ Buben}) = \frac{4 \cdot 3 \cdot 2}{32 \cdot 31 \cdot 30} = \frac{24}{29\,760} \approx 0,00081 = 0,081\,\%$$

b) Das Spiel enthält 4 Buben und somit $32 - 4 = 28$ Karten, die keine Buben sind.

$$P(\text{kein Bube}) = \frac{28 \cdot 27 \cdot 26}{32 \cdot 31 \cdot 30} = \frac{19\,656}{29\,760} \approx 0,6605 = 66,05\,\%$$

c) P(mindestens 1 Bube) = 1 − P(kein Bube)

$$= 1 - \frac{28 \cdot 27 \cdot 26}{32 \cdot 31 \cdot 30} = 1 - \frac{19\,656}{29\,760} \approx 0,3395 = 33,95\,\%$$

d) Das Spiel enthält 8 Pikkarten.

$$P(\text{nur Pik}) = \frac{8 \cdot 7 \cdot 6}{32 \cdot 31 \cdot 30} = \frac{336}{29\,760} \approx 0,01129 = 1,129\,\%$$

e) P(3 Karten derselben Farbe)
= P(nur Pik) + P(nur Kreuz) + P(nur Herz) + P(nur Karo)

$$= \frac{8 \cdot 7 \cdot 6}{32 \cdot 31 \cdot 30} + \frac{8 \cdot 7 \cdot 6}{32 \cdot 31 \cdot 30} + \frac{8 \cdot 7 \cdot 6}{32 \cdot 31 \cdot 30} + \frac{8 \cdot 7 \cdot 6}{32 \cdot 31 \cdot 30} =$$

$$= \frac{4 \cdot 8 \cdot 7 \cdot 6}{32 \cdot 31 \cdot 30} = \frac{1344}{29\,760} \approx 0,04516 = 4,516\,\%$$

f) Das Spiel enthält 8 Pikkarten und somit $32 - 8 = 24$ Karten, die nicht Pik sind.

P(mindestens ein Pik) = 1 − P(kein Pik)

$$= 1 - \frac{24 \cdot 23 \cdot 22}{32 \cdot 31 \cdot 30} = 1 - \frac{12\,144}{29\,760} \approx 0,5919 = 59,19\,\%$$

g) Das Spiel enthält 8 Pikkarten und noch weitere 3 Buben (der Pik-Bube ist bereits bei den 8 Pikkarten dabei), die auch nicht gezogen werden sollen. Es darf also nur aus $32 - 11 = 21$ Karten gezogen werden.

$$P(\text{weder Pik noch Bube}) = \frac{21 \cdot 20 \cdot 19}{32 \cdot 31 \cdot 30} = \frac{7\,980}{29\,760} \approx 0,2681 = 26,81\,\%$$

71. Für das einmalige Werfen eines Laplace-Tetraeders gibt es die vier möglichen Ergebnisse 1, 2, 3 und 4. Wird das Tetraeder viermal geworfen, so gilt:

$$|\Omega| = 4^4 = 256$$

Ereignis E_1:
Die zuerst geworfene Zahl ist frei, für sie gibt es also 4 Möglichkeiten. Für den 2. Wurf stehen nur noch 3 Zahlen zur Verfügung; dann darf auch diese Zahl nicht mehr erscheinen, und für den 3. Wurf stehen nur noch 2 Zahlen zur Verfügung usw.

$$P(E_1) = P(\text{verschiedene Zahlen}) = \frac{4 \cdot 3 \cdot 2 \cdot 1}{256} = \frac{24}{256} = 0,09375 = 9,375\,\%$$

Ereignis E_2:
Für den ersten Wurf gibt es 4 Möglichkeiten, der letzte muss dann die gleiche Zahl sein. Die mittleren beiden Würfe müssen verschieden sein und dabei darf die Zahl vom 1. Wurf nicht auftauchen.

P(E_2) = P(nur der erste und der letzte Wurf gleich)

$$= \frac{4 \cdot 3 \cdot 2 \cdot 1}{256} = \frac{24}{256} = 0,09375 = 9,375\,\%$$

Ereignis E_3:

Die Augensumme 5 lässt sich nur mit dreimal 1 und einmal 2, also den vier Ergebnissen 1112, 1121, 1211, 2111 erzielen.

$$P(E_3) = P(\text{Augensumme } 5) = \frac{4}{4 \cdot 4 \cdot 4 \cdot 4} = \frac{1}{64} = 0,015625 = 1,5625\ \%$$

Ereignis E_4:

Die Augensumme 15 lässt sich nur mit dreimal 4 und einmal 3, also den Ergebnissen 4443, 4434, 4344, 3444 erzielen. Auf die Augensumme 16 kommt man nur mit 4444. Nicht günstig sind somit für E_4 fünf Ergebnisse.

$$\begin{aligned}
P(E_4) &= P(\text{Augensumme kleiner } 15) \\
&= P(\text{nicht Augensumme 15 oder 16}) \\
&= 1 - P(\text{Augensumme 15 oder 16}) \\
&= 1 - \frac{5}{4 \cdot 4 \cdot 4 \cdot 4} \approx 1 - 0,0195 = 0,9805 = 98,05\ \%
\end{aligned}$$

72. Jeder Buchstabe soll höchstens einmal vorkommen. Somit werden die 4 Buchstaben ohne Zurücklegen aus den 9 Buchstaben des Wortes „Schulzeit" gezogen und die Anzahl nimmt nach jedem Zug um 1 ab. Daher gilt:

$$|\Omega| = 9 \cdot 8 \cdot 7 \cdot 6 = 3\,024$$

a) „Schulzeit" enthält die 6 Konsonanten s, c, h, l, z, t und die 3 Vokale u, e sowie i.

$$P(\text{nur Konsonanten}) = \frac{6 \cdot 5 \cdot 4 \cdot 3}{3\,024} = \frac{360}{3\,024} \approx 0,119 = 11,9\ \%$$

b) Besetzt man zunächst die erste und dann die letzte Stelle mit je einem Konsonanten, so verbleiben noch 7 bzw. 6 Buchstaben für die mittleren Plätze.

$$P(\text{mit Konsonanten beginnt und endet}) = \frac{6 \cdot 7 \cdot 6 \cdot 5}{3\,024} = \frac{1\,260}{3\,024} \approx 0,417 = 41,7\ \%$$

c) Steht das U an erster Stelle, so verbleiben noch 8 bzw. 7 bzw. 6 Buchstaben für die weiteren Plätze.

$$P(\text{mit U beginnt}) = \frac{1 \cdot 8 \cdot 7 \cdot 6}{3\,024} = \frac{1}{9} \approx 0,1111 = 11,11\ \%$$

d) Steht einer der 3 Vokale an erster Stelle, so verbleiben noch 8 bzw. 7 bzw. 6 Buchstaben für die weiteren Plätze.

$$P(\text{mit Vokal beginnt}) = \frac{3 \cdot 8 \cdot 7 \cdot 6}{3\,024} = \frac{1}{3} \approx 0,3333 = 33,33\ \%$$

e) Man besetzt die erste und dann die letzte Stelle mit je einem Vokal, die mittleren Plätze müssen mit je einem Konsonanten besetzt werden.

P(nur am Anfang und am Ende Vokal) $= \frac{3 \cdot 6 \cdot 5 \cdot 2}{3\,024} = \frac{180}{3\,024} \approx 0,0595 = 5,95\,\%$

f) Außer den 3 Vokalen muss noch ein Konsonant im Wort sein, der an letzter, vorletzter, zweiter oder erster Stelle stehen kann.

P(alle 3 Vokale) $= \frac{3 \cdot 2 \cdot 1 \cdot 6}{3\,024} + \frac{3 \cdot 2 \cdot 6 \cdot 1}{3\,024} + \frac{3 \cdot 6 \cdot 2 \cdot 1}{3\,024} + \frac{6 \cdot 3 \cdot 2 \cdot 1}{3\,024}$

$= \frac{144}{3\,024} \approx 0,0476 = 4,76\,\%$

73. Um mit Laplace rechnen zu können, betrachtet man die jeweils gleich großen Sektoren (linkes Rad: 8; mittleres Rad: 10; rechtes Rad: 8). Somit gilt:

$|\Omega| = 8 \cdot 10 \cdot 8 = 640$

Bei der Berechnung der Mächtigkeiten der Ereignisse ist die jeweilige Anzahl der entsprechend beschrifteten Sektoren zu beachten:

	Kleeblatt (K)	Hufeisen (H)	Schweinchen (S)
Glücksrad links	4	3	1
Glücksrad Mitte	3	4	3
Glücksrad rechts	4	3	1

a) P(drei gleiche Glücksbringer)

$= P(KKK) + P(HHH) + P(SSS)$

$= \frac{4 \cdot 3 \cdot 4}{640} + \frac{3 \cdot 4 \cdot 3}{640} + \frac{1 \cdot 3 \cdot 1}{640} = \frac{87}{640} \approx 0,1359 = 13,59\,\%$

P(drei verschiedene Glücksbringer)

$= P(KHS) + P(KSH) + P(HKS) + P(HSK) + P(SKH) + P(SHK)$

$= \frac{4 \cdot 4 \cdot 1}{640} + \frac{4 \cdot 3 \cdot 3}{640} + \frac{3 \cdot 3 \cdot 1}{640} + \frac{3 \cdot 3 \cdot 4}{640} + \frac{1 \cdot 3 \cdot 3}{640} + \frac{1 \cdot 4 \cdot 4}{640} = \frac{122}{640} \approx 0,1906 = 19,06\,\%$

b) Spielt jemand sehr oft an diesem Automaten, so wird er in 13,59 % aller Fälle einen Gewinn ($=$ Auszahlung – Einsatz) von 1,50 € und in 19,06 % aller Fälle einen Gewinn von 0,50 € machen.

Sonst, also in 100 % – 13,59 % – 19,06 % $=$ 67,35 % aller Fälle, erleidet er einen Verlust von 0,50 €, „gewinnt" also −0,50 €.

Im Durchschnitt aller Spiele ergibt sich somit für den Gewinn:

13,59 % $\cdot$ 1,50 € + 19,06 % $\cdot$ 0,50 € + 67,35 % $\cdot$ (−0,50 €) $=$ −0,0376 €

$\approx$ −4 ct

Er erleidet bei sehr häufigem Spielen im Durchschnitt bei jedem Spiel einen Verlust von ca. 4 Cent.

74. a) Mit g für gelb, b für blau und r für rot sowie $P(g) = \frac{2}{10} = 0,2$,

$P(b) = \frac{3}{10} = 0,3$ und $P(r) = \frac{5}{10} = 0,5$ ergibt sich:

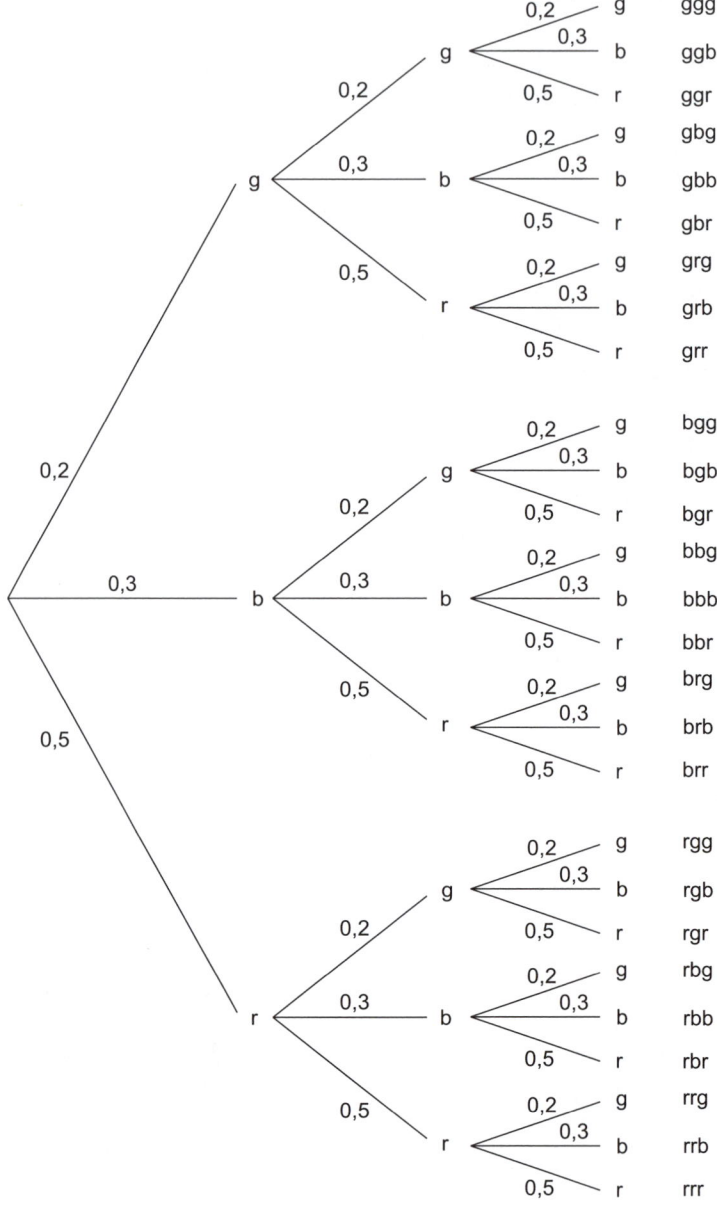

b) $P(\text{blau-rot-rot}) = P(\text{brr}) = 0,3 \cdot 0,5 \cdot 0,5 = 0,075 = 7,5\,\%$

$P(\text{blau-blau-blau}) = P(\text{bbb}) = 0,3 \cdot 0,3 \cdot 0,3 = 0,027 = 2,7\,\%$

$P(\text{immer gleiche Farbe})$
$= P(\text{gelb-gelb-gelb}) + P(\text{blau-blau-blau}) + P(\text{rot-rot-rot})$
$= P(\text{ggg}) + P(\text{bbb}) + P(\text{rrr})$
$= 0,2 \cdot 0,2 \cdot 0,2 + 0,3 \cdot 0,3 \cdot 0,3 + 0,5 \cdot 0,5 \cdot 0,5$
$= 0,16 = 16\,\%$

75. Tabelle der Wahrscheinlichkeiten pro Wurf:

Zahl	1	2	3	4	5	6
P(Zahl)	0,3	0,1	0,1	0,1	0,1	0,3

a) $P(12345) = 0,3 \cdot 0,1 \cdot 0,1 \cdot 0,1 \cdot 0,1 = 0,3 \cdot 0,1^4 = 0,00003 = 0,003\,\%$

b) $P(11111) = 0,3 \cdot 0,3 \cdot 0,3 \cdot 0,3 \cdot 0,3 = 0,3^5 = 0,00243 = 0,243\,\%$

c) Beim zweiten bis fünften Wurf darf keine 1 gewürfelt werden.

$P(1\overline{1}\,\overline{1}\,\overline{1}\,\overline{1}) = 0,3 \cdot 0,7 \cdot 0,7 \cdot 0,7 \cdot 0,7 = 0,3 \cdot 0,7^4 = 0,07203 = 7,203\,\%$

d) Die 1 kann an fünf verschiedenen Plätzen stehen. Die restlichen vier Würfe dürfen jeweils keine 1 zeigen.

$P(\text{genau einmal 1})$
$= P(1\overline{1}\,\overline{1}\,\overline{1}\,\overline{1}) + P(\overline{1}1\overline{1}\,\overline{1}\,\overline{1}) + P(\overline{1}\,\overline{1}1\overline{1}\,\overline{1}) + P(\overline{1}\,\overline{1}\,\overline{1}1\overline{1}) + P(\overline{1}\,\overline{1}\,\overline{1}\,\overline{1}1)$
$= 0,3 \cdot 0,7 \cdot 0,7 \cdot 0,7 \cdot 0,7 + 0,7 \cdot 0,3 \cdot 0,7 \cdot 0,7 \cdot 0,7 + 0,7 \cdot 0,7 \cdot 0,3 \cdot 0,7 \cdot 0,7 +$
$\quad 0,7 \cdot 0,7 \cdot 0,7 \cdot 0,3 \cdot 0,7 + 0,7 \cdot 0,7 \cdot 0,7 \cdot 0,7 \cdot 0,3$
$= 5 \cdot 0,3 \cdot 0,7^4$
$= 0,36015 = 36,015\,\%$

76. a) Mit r für rund, ℓ für länglich und H für Hasenohren und unter Berücksichtigung, dass die Luftballons **nicht** zurückgelegt werden, ergibt sich:

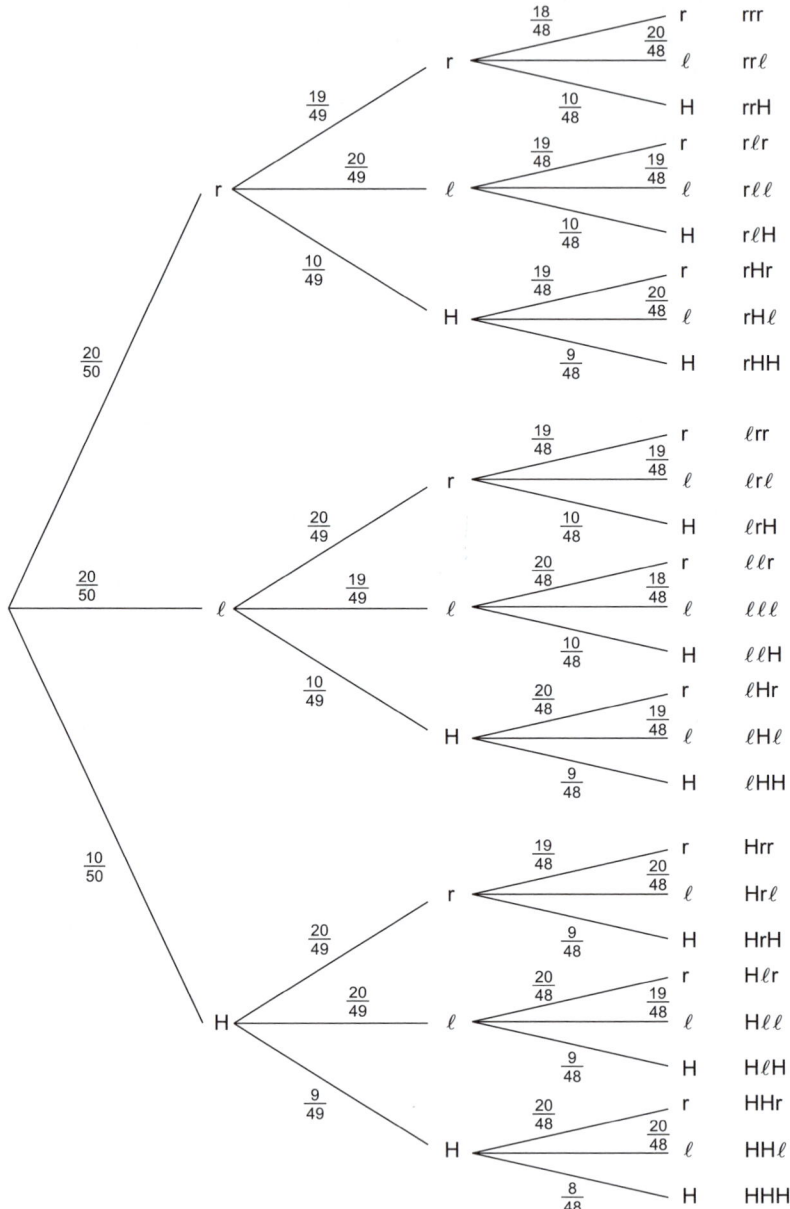

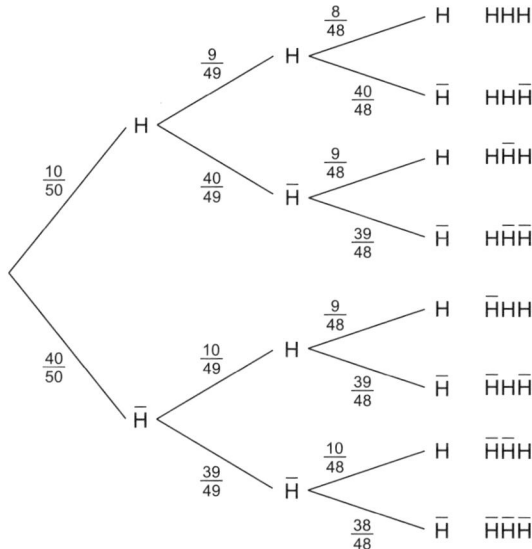

b) $P(\ell\ell\ell) = \frac{20}{50} \cdot \frac{19}{49} \cdot \frac{18}{48} = \frac{57}{980} \approx 0,0582 = 5,82\,\%$

Der erste Ballon, den Peter aufbläst, hat Hasenohren. Welche der drei Ballonarten Peter als zweiten und dritten aufbläst, ist egal:

$P(H) = \frac{10}{50} \cdot \frac{49}{49} \cdot \frac{48}{48} = \frac{1}{5} = 0,2 = 20\,\%$

Der Ballon mit Hasenohren kann an drei verschiedenen Plätzen stehen, die restlichen zwei Ballons dürfen keine Ballons mit Hasenohren sein:

$$P(\text{genau ein H}) = P(H\overline{H}\overline{H}) + P(\overline{H}H\overline{H}) + P(\overline{H}\overline{H}H)$$
$$= \frac{10}{50} \cdot \frac{40}{49} \cdot \frac{39}{48} + \frac{40}{50} \cdot \frac{10}{49} \cdot \frac{39}{48} + \frac{40}{50} \cdot \frac{39}{49} \cdot \frac{10}{48}$$
$$= \frac{39}{98} \approx 0,39796 = 39,796\,\%$$

„Höchstens ein" bedeutet entweder „kein" oder „genau ein":

$$P(\text{höchstens ein H}) = P(\text{kein H}) + P(\text{genau ein H})$$
$$= \frac{40}{50} \cdot \frac{39}{49} \cdot \frac{38}{48} + \frac{39}{98}$$
$$= \frac{221}{245} \approx 0,90204 = 90,204\,\%$$

77. a)

$1-1+0=0$	$1-1+2=2$	$1-1+3=3$	$1-1+7=7$
$1-3+0=-2$	$1-3+2=0$	$1-3+3=1$	$1-3+7=5$
$1-7+0=-6$	$1-7+2=-4$	$1-7+3=-3$	$1-7+7=1$
$2-1+0=1$	$2-1+2=3$	$2-1+3=4$	$2-1+7=8$
$2-3+0=-1$	$2-3+2=1$	$2-3+3=2$	$2-3+7=6$
$2-7+0=-5$	$2-7+2=-3$	$2-7+3=-2$	$2-7+7=2$
$3-1+0=2$	$3-1+2=4$	$3-1+3=5$	$3-1+7=9$
$3-3+0=0$	$3-3+2=2$	$3-3+3=3$	$3-3+7=7$
$3-7+0=-4$	$3-7+2=-2$	$3-7+3=-1$	$3-7+7=3$
$4-1+0=3$	$4-1+2=5$	$4-1+3=6$	$4-1+7=10$
$4-3+0=1$	$4-3+2=3$	$4-3+3=4$	$4-3+7=8$
$4-7+0=-3$	$4-7+2=-1$	$4-7+3=0$	$4-7+7=4$
$5-1+0=4$	$5-1+2=6$	$5-1+3=7$	$5-1+7=11$
$5-3+0=2$	$5-3+2=4$	$5-3+3=5$	$5-3+7=9$
$5-7+0=-2$	$5-7+2=0$	$5-7+3=1$	$5-7+7=5$

Jens kann somit jede ganze Zahl in der Menge $\{-6; \dots ; 11\}$ erhalten.

b) Auf jedem Glücksrad sind alle Sektoren jeweils gleich groß.

Jede Zahl auf Glücksrad 1 wird mit der Wahrscheinlichkeit $\frac{1}{5}$ gedreht.

Jede Zahl auf Glücksrad 2 wird mit der Wahrscheinlichkeit $\frac{1}{3}$ gedreht.

Jede Zahl auf Glücksrad 3 wird mit der Wahrscheinlichkeit $\frac{1}{4}$ gedreht.

$$P(\text{Summe } 11) = P(5\,|-1\,|\,7) = \frac{1}{5} \cdot \frac{1}{3} \cdot \frac{1}{4} = \frac{1}{60} \approx 0,0167 = 1,67 \%$$

c) $P(0) = P(1\,|-1\,|\,0) + P(1\,|-3\,|\,2) + P(3\,|-3\,|\,0) + P(4\,|-7\,|\,3) + P(5\,|-7\,|\,2)$

$\quad = \frac{1}{5} \cdot \frac{1}{3} \cdot \frac{1}{4} + \frac{1}{5} \cdot \frac{1}{3} \cdot \frac{1}{4} + \frac{1}{5} \cdot \frac{1}{3} \cdot \frac{1}{4} + \frac{1}{5} \cdot \frac{1}{3} \cdot \frac{1}{4} + \frac{1}{5} \cdot \frac{1}{3} \cdot \frac{1}{4}$

$\quad = \frac{5}{60} = \frac{1}{12} \approx 0,0833 = 8,33 \%$

d) $P(\text{Gewinn}) = P(11) + P(0) = \frac{1}{60} + \frac{1}{12} = \frac{1}{10} = 0,1 = 10 \%$

$P(\text{Verlust der 10 Cent}) = 1 - P(\text{Gewinn}) = 1 - 0,1 = 0,9 = 90 \%$

Da man bei jedem Spiel mit 90 % Wahrscheinlichkeit die eingesetzten 10 Cent verliert, verliert man (wenn oft genug gespielt wird) im Schnitt $0,9 \cdot 10$ Cent $= 9$ Cent bei jedem Spiel.

Damit das Spiel fair ist, muss man also im Schnitt bei jedem Spiel auch 9 Cent dazugewinnen können.

$0,1 \cdot x$ Cent $= 9$ Cent $\Rightarrow x = 90$

Der Gewinn muss 90 Cent betragen.

Jens vereinbart daher mit seinen Freunden folgende Regeln:
- Jeder Spieler zahlt 10 Cent Einsatz.
- Ist das Ergebnis eine andere Zahl als 0 oder 11, so ist der Einsatz verloren.
- Ist das Ergebnis 0 oder 11, so gewinnt der Spieler 90 Cent dazu. Er erhält die 90 Cent und zusätzlich seinen Einsatz zurück, also wird ihm insgesamt 1 € ausbezahlt.

78. In Teil 1 rät Thomas mit einer Wahrscheinlichkeit von $\frac{1}{4} = 0,25 = 25\,\%$ richtig. In Teil 2 beträgt die Wahrscheinlichkeit für eine richtig geratene Antwort $\frac{1}{5} = 0,2 = 20\,\%$.

a) P(nur die ersten drei Fragen richtig)
$$= 0,25 \cdot 0,25 \cdot 0,25 \cdot 0,75 \cdot 0,75 \cdot 0,8 \cdot 0,8 \cdot 0,8 \cdot 0,8 \cdot 0,8$$
$$= 0,25^3 \cdot 0,75^2 \cdot 0,8^5$$
$$= 0,00288 = 0,288\,\%$$

b) P(in beiden Teilen nur die jeweils ersten drei Fragen richtig)
$$= 0,25 \cdot 0,25 \cdot 0,25 \cdot 0,75 \cdot 0,75 \cdot 0,2 \cdot 0,2 \cdot 0,2 \cdot 0,8 \cdot 0,8$$
$$= 0,25^3 \cdot 0,75^2 \cdot 0,2^3 \cdot 0,8^2$$
$$= 0,000045 = 0,0045\,\%$$

c) P(in einem Teil alle Fragen richtig, im anderen Teil alle falsch)
$$= \text{P(alle von Teil 1 richtig, alle von Teil 2 falsch)}$$
$$\quad + \text{P(alle von Teil 1 falsch, alle von Teil 2 richtig)}$$
$$= 0,25^5 \cdot 0,8^5 + 0,75^5 \cdot 0,2^5$$
$$\approx 0,000396 = 0,0396\,\%$$

d) P(alle richtig) $= 0,25^5 \cdot 0,2^5 = 0,0000003125 = 0,00003125\,\%$

79. a) P(kein Gewinn) $= 0,9 \cdot 0,7 \cdot 0,9 \cdot 0,8 = 0,4536 = 45,36\,\%$

b) P(genau ein Gewinn)
$$= \text{P}(G\overline{G}\,\overline{G}\,\overline{G}) + \text{P}(\overline{G}\,G\,\overline{G}\,\overline{G}) + \text{P}(\overline{G}\,\overline{G}\,G\,\overline{G}) + \text{P}(\overline{G}\,\overline{G}\,\overline{G}\,G)$$
$$= 0,1 \cdot 0,7 \cdot 0,9 \cdot 0,8 + 0,9 \cdot 0,3 \cdot 0,9 \cdot 0,8 + 0,9 \cdot 0,7 \cdot 0,1 \cdot 0,8 + 0,9 \cdot 0,7 \cdot 0,9 \cdot 0,2$$
$$= 0,4086 = 40,86\,\%$$

c) P(höchstens ein Gewinn) $=$ P(kein Gewinn) $+$ P(genau ein Gewinn)
$$= 0,4536 + 0,4086$$
$$= 0,8622 = 86,22\,\%$$

d) P(mindestens ein Gewinn)$= 1 - $P(kein Gewinn)
$$= 1 - 0,4536$$
$$= 0,5464 = 54,64\,\%$$

80. a) P(immer Treffer)
$$= 0,8 \cdot 0,8 \cdot 0,8 \cdot 0,8 \cdot 0,8 \cdot 0,8 \cdot 0,8 \cdot 0,8 \cdot 0,8 \cdot 0,8$$
$$= 0,8^{10}$$
$$\approx 0,1074 = 10,74\,\%$$

P(nur beim ersten Wurf kein Treffer)
$$= 0,2 \cdot 0,8 \cdot 0,8 \cdot 0,8 \cdot 0,8 \cdot 0,8 \cdot 0,8 \cdot 0,8 \cdot 0,8 \cdot 0,8$$
$$= 0,2 \cdot 0,8^9$$
$$\approx 0,0268 = 2,68\,\%$$

P(nur beim ersten und beim letzten Wurf kein Treffer)
$$= 0,2 \cdot 0,8 \cdot 0,8 \cdot 0,8 \cdot 0,8 \cdot 0,8 \cdot 0,8 \cdot 0,8 \cdot 0,8 \cdot 0,2$$
$$= 0,2^2 \cdot 0,8^8$$
$$\approx 0,0067 = 0,67\,\%$$

P(nur bei den letzten beiden Würfen einmal kein Treffer)
$= $P(nur beim letzten Wurf kein Treffer)
$\quad + $P(nur beim vorletzten Wurf kein Treffer)
$$= 0,8 \cdot 0,8 \cdot 0,8 \cdot 0,8 \cdot 0,8 \cdot 0,8 \cdot 0,8 \cdot 0,8 \cdot 0,8 \cdot 0,2$$
$$\quad + 0,8 \cdot 0,8 \cdot 0,8 \cdot 0,8 \cdot 0,8 \cdot 0,8 \cdot 0,8 \cdot 0,8 \cdot 0,2 \cdot 0,8$$
$$= 0,2 \cdot 0,8^9 + 0,2 \cdot 0,8^9$$
$$\approx 0,0537 = 5,37\,\%$$

b) P(nur beim ersten Wurf kein Treffer)
$$= 0,2 \cdot 0,78 \cdot 0,78 \cdot 0,78 \cdot 0,78 \cdot 0,78 \cdot 0,78 \cdot 0,78 \cdot 0,78 \cdot 0,78$$
$$= 0,2 \cdot 0,78^9$$
$$\approx 0,0214 = 2,14\,\%$$

P(nur beim ersten und beim vierten Wurf kein Treffer)
$$= 0,2 \cdot 0,78 \cdot 0,78 \cdot 0,22 \cdot 0,76 \cdot 0,76 \cdot 0,76 \cdot 0,76 \cdot 0,76 \cdot 0,76$$
$$= 0,2 \cdot 0,78^2 \cdot 0,22 \cdot 0,76^6$$
$$\approx 0,00516 = 0,516\,\%$$

P(nur bei den ersten sechs Würfen Treffer)
$$= 0,8 \cdot 0,8 \cdot 0,8 \cdot 0,8 \cdot 0,8 \cdot 0,8 \cdot 0,2 \cdot 0,22 \cdot 0,24 \cdot 0,26$$
$$= 0,8^6 \cdot 0,2 \cdot 0,22 \cdot 0,24 \cdot 0,26$$
$$\approx 0,00072 = 0,072\,\%$$

81. a)

	weiblich	männlich	
allergisch	149	78	**227**
nicht allergisch	**147**	**156**	303
	296	234	**530**

Gesucht ist die Anzahl H(weiblich ∩ nicht allergisch).
147 Frauen haben sich bei der Umfrage als nicht allergisch bezeichnet.

b) $h(\text{männlich} \cap \text{nicht allergisch}) = \frac{156}{530} \approx 0,2943 = 29,43\,\%$

82. a)

	Alter ≤ 40	Alter > 40	
nutzt Twitter	987	734	**1721**
nutzt Twitter nicht	**153**	**626**	**779**
	1140	1360	2500

Gesucht ist die Anzahl H(Alter ≤ 40 ∩ nutzt Twitter nicht).
153 der Jüngeren rufen Twitter nicht (regelmäßig) auf.

b) $h(\text{Twitter-Nutzer}) = \frac{1\,721}{2\,500} = 0,6884 = 68,84\,\%$

83. a) Aus

(Pizza essen oder Wein trinken)

$\overline{= (\text{keine Pizza essen und keinen Wein trinken})}$

folgt:

|keine Pizza essen und keinen Wein trinken| = 678 − 575 = 103

b)

	isst Pizza	isst keine Pizza	
trinkt Wein	**68**	**176**	244
trinkt keinen Wein	**331**	103	**434**
	399	**279**	678

Gesucht ist die Anzahl H(isst Pizza ∩ trinkt Wein).
68 Gäste haben Pizza gegessen und Wein getrunken.

84.

	eigener Internetzugang	kein eigener Internetzugang	
tägliche Internetnutzung	**69 %**	7 %	76 %
keine tägliche Internetnutzung	**14 %**	**10 %**	**24 %**
	83 %	**17 %**	100 %

Gesucht ist die Wahrscheinlichkeit P(eigener Internetzugang ∩ keine tägliche Internetnutzung).
Mit einer Wahrscheinlichkeit von 14 % nutzt ein 15-Jähriger mit eigenem Internetzugang das Internet nicht täglich.

85. Beachten Sie, dass 40 % der Schüler, die einen Nachhilfelehrer haben, zusätzlich auch Trainingsbücher verwenden.

	Nachhilfelehrer	kein Nachhilfelehrer	
Trainingsbücher	40 % von 20 % = 8 %	**77 %**	**85 %**
keine Trainingsbücher	**12 %**	3 %	**15 %**
	20 %	**80 %**	100 %

Gesucht ist die Wahrscheinlichkeit P(kein Nachhilfelehrer ∩ Trainingsbücher).
77 % der Schüler haben keinen Nachhilfelehrer, jedoch die Unterstützung durch Trainingsbücher.

86. Aus

$$\overline{P(\text{Fernsehen oder Tageszeitung})} = P(\text{kein Fernsehen und keine Tageszeitung})$$

folgt:

P(kein Fernsehen und keine Tageszeitung) = 100 % − 82 % = 18 %

	Fernsehen	kein Fernsehen	
Tageszeitung	**35 %**	**8 %**	43 %
keine Tageszeitung	**39 %**	18 %	**57 %**
	74 %	**26 %**	100 %

Gesucht ist die Wahrscheinlichkeit P(Fernsehen ∩ keine Tageszeitung).

39 % der Deutschen ab 14 Jahren informieren sich über das Zeitgeschehen im Fernsehen, nicht aber in einer Tageszeitung.

87. Berechnet man mit den Werten von Franz und der 1. Pfadregel die Wahrscheinlichkeiten der Schnittmengen, so erhält man die nicht mit den Angaben in der Vierfeldertafel übereinstimmenden Werte:

$$P(A \cap B) = P(B \cap A) = 80\% \cdot 35\% = 0,8 \cdot 0,35 = 0,28 = 28\% \neq 30\%$$

$$P(\overline{A} \cap B) = P(B \cap \overline{A}) = 80\% \cdot 65\% = 0,8 \cdot 0,65 = 0,52 = 52\% \neq 50\%$$

$$P(A \cap \overline{B}) = P(\overline{B} \cap A) = 20\% \cdot 35\% = 0,2 \cdot 0,35 = 0,07 = 7\% \neq 5\%$$

$$P(\overline{A} \cap \overline{B}) = P(\overline{B} \cap \overline{A}) = 20\% \cdot 65\% = 0,2 \cdot 0,65 = 0,13 = 13\% \neq 15\%$$

Franz hat nicht beachtet, dass er die Wahrscheinlichkeiten der Schnittmengen in der Vierfeldertafel vorgegeben hat und aus ihnen mithilfe der 1. Pfadregel die Wahrscheinlichkeiten der 2. Stufe erst berechnen muss:

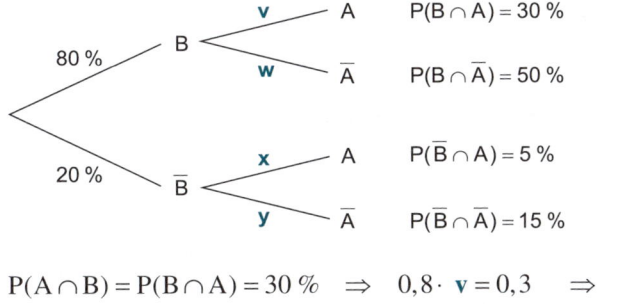

$$P(A \cap B) = P(B \cap A) = 30\% \quad \Rightarrow \quad 0,8 \cdot v = 0,3 \quad \Rightarrow \quad v = 37,5\%$$

$$P(\overline{A} \cap B) = P(B \cap \overline{A}) = 50\% \quad \Rightarrow \quad 0,8 \cdot w = 0,5 \quad \Rightarrow \quad w = 62,5\%$$

$$P(A \cap \overline{B}) = P(\overline{B} \cap A) = 5\% \quad \Rightarrow \quad 0,2 \cdot x = 0,05 \quad \Rightarrow \quad x = 25\%$$

$$P(\overline{A} \cap \overline{B}) = P(\overline{B} \cap \overline{A}) = 15\% \quad \Rightarrow \quad 0,2 \cdot y = 0,15 \quad \Rightarrow \quad y = 75\%$$

Die richtige Lösung der Hausaufgabe muss somit so aussehen:

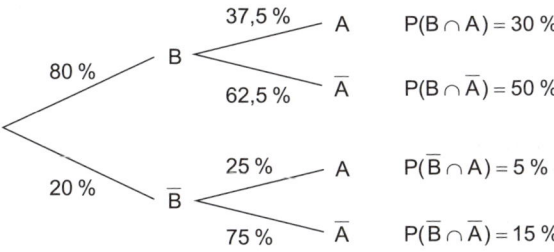

88. Zunächst ergänzt man im Baumdiagramm die fehlenden Wahrscheinlichkeiten (die Summe aller Wahrscheinlichkeiten, die von einem Verzweigungspunkt ausgehen, muss 100 % ergeben):

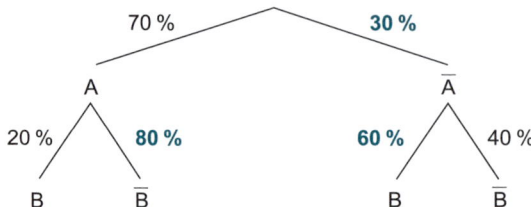

Nun lassen sich die Wahrscheinlichkeiten der Schnittmengen mithilfe der 1. Pfadregel berechnen:

$P(A \cap B) = 70\,\% \cdot 20\,\% = 0,7 \cdot 0,2 = 0,14 = 14\,\%$

$P(A \cap \overline{B}) = 70\,\% \cdot 80\,\% = 0,7 \cdot 0,8 = 0,56 = 56\,\%$

$P(\overline{A} \cap B) = 30\,\% \cdot 60\,\% = 0,3 \cdot 0,6 = 0,18 = 18\,\%$

$P(\overline{A} \cap \overline{B}) = 30\,\% \cdot 40\,\% = 0,3 \cdot 0,4 = 0,12 = 12\,\%$

Es ergibt sich somit die folgende Vierfeldertafel:

	A	$\overline{A}$	
B	14 %	18 %	32 %
$\overline{B}$	56 %	12 %	68 %
	70 %	30 %	100 %

89. a)

	A = nutzt soziale Netzwerke über Handy	$\overline{A}$ = nutzt nicht soziale Netzwerke über Handy	
♀	49 % von 51 % = 24,99 %	**26,01 %**	51 %
♂	33 % von 49 % = 16,17 %	**32,83 %**	**49 %**
	41,16 %	**58,84 %**	100 %

b)

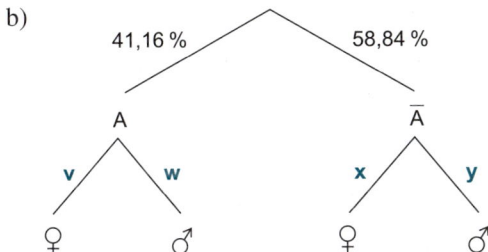

Die Wahrscheinlichkeiten der 2. Stufe ergeben sich aus:

$P(A \cap ♀) = 24{,}99\,\% \;\Rightarrow\; 41{,}16\,\% \cdot \mathbf{v} = 24{,}99\,\% \;\Rightarrow\; \mathbf{v} \approx 60{,}71\,\%$

$P(A \cap ♂) = 16{,}17\,\% \;\Rightarrow\; 41{,}16\,\% \cdot \mathbf{w} = 16{,}17\,\% \;\Rightarrow\; \mathbf{w} \approx 39{,}29\,\%$

$P(\overline{A} \cap ♀) = 26{,}01\,\% \;\Rightarrow\; 58{,}84\,\% \cdot \mathbf{x} = 26{,}01\,\% \;\Rightarrow\; \mathbf{x} \approx 44{,}20\,\%$

$P(\overline{A} \cap ♂) = 32{,}83\,\% \;\Rightarrow\; 58{,}84\,\% \cdot \mathbf{y} = 32{,}83\,\% \;\Rightarrow\; \mathbf{y} \approx 55{,}80\,\%$

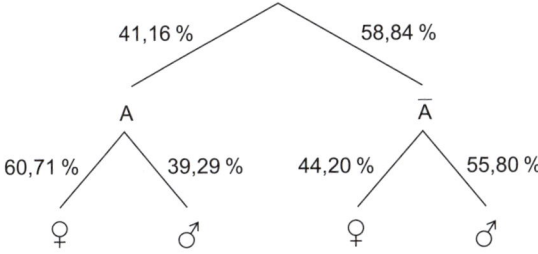

Für das zweite Baumdiagramm ergeben sich alle Wahrscheinlichkeiten bereits aus der Aufgabenstellung:

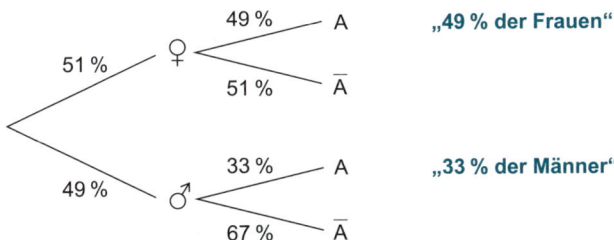

90. Es handelt sich um die Wahrscheinlichkeit, mit der

a) ... jemand, wenn er ein Junge ist, am ehesten der Tageszeitung vertraut.
oder

... ein Junge am ehesten der Tageszeitung vertraut.

b) ... ein Befragter weiblich ist und nicht dem Radio glaubt.

c) ... jemand, wenn es ein Mädchen ist, nicht dem Fernsehen glaubt.
oder

... ein Mädchen nicht dem Fernsehen glaubt.

d) ... jemand, der am ehesten dem Fernsehen vertraut, ein Junge ist.

e) ... ein Befragter nicht der Tageszeitung glaubt oder ein Junge ist.

f) ... jemand, der nicht dem Internet vertraut, ein Mädchen ist.

91. a)

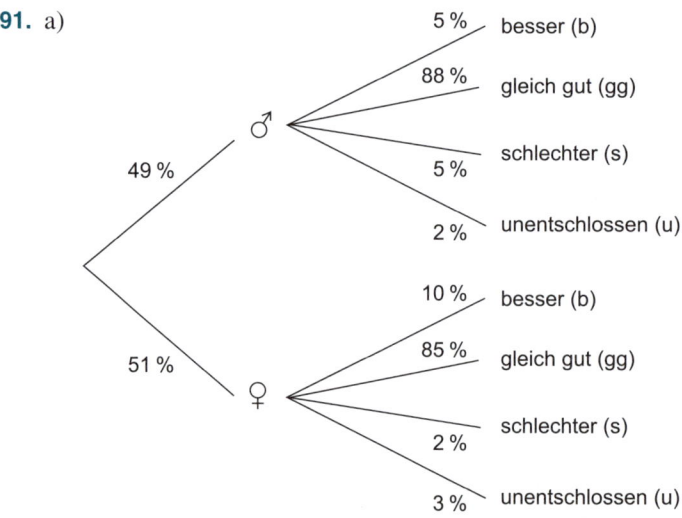

Hinweis: Da die Summe der Wahrscheinlichkeiten an den Ästen, die von einem Verzweigungspunkt ausgehen, 100 % ergeben muss, gilt:

P(unentschlossen) = 100 % − 5 % − 88 % − 5 % = 2 %   Männer

bzw.

P(unentschlossen) = 100 % − 10 % − 85 % − 2 % = 3 %   Frauen

b) P(Befragter männlich und glaubt, Frauen schlechter geeignet)
   $= P(\male \cap s) = 0,49 \cdot 0,05 = 0,0245 = 2,45\,\%$

P(Frau mit Meinung, dass Frauen und Männer gleich gut geeignet)

$= P_{\female}(gg) = \dfrac{P(\female \cap gg)}{P(\female)} = \dfrac{0,51 \cdot 0,85}{0,51} = 0,85$

Hinweis: Die bedingte Wahrscheinlichkeit $P_{\female}(gg)$ lässt sich auch direkt am Baumdiagramm in der 2. Stufe als 85 % ablesen (siehe rechts).

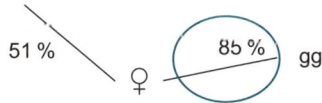

P(jemand, der glaubt, Frauen seien besser geeignet, ist eine Frau)

$= P_b(\female) = \dfrac{P(b \cap \female)}{P(b)} = \dfrac{P(\female \cap b)}{P(b)} = \dfrac{0,51 \cdot 0,10}{0,49 \cdot 0,05 + 0,51 \cdot 0,10} \approx 0,6755 = 67,55\,\%$

P(Unentschlossener ist ein Mann)

$= P_u(\male) = \dfrac{P(u \cap \male)}{P(u)} = \dfrac{P(\male \cap u)}{P(u)} = \dfrac{0,49 \cdot 0,02}{0,49 \cdot 0,02 + 0,51 \cdot 0,03} \approx 0,3904 = 39,04\,\%$

92. a)

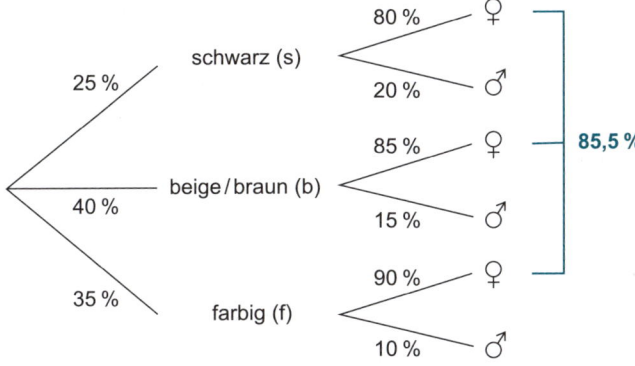

Aus

$P(\female) = P(s \cap \female) + P(b \cap \female) + P(f \cap \female)$

folgt:

$0,855 = 0,25 \cdot 0,8 + 0,4 \cdot P_b(\female) + 0,35 \cdot 0,9$
$\quad 0,34 = 0,4\,P_b(\female)$
$\quad P_b(\female) = 0,85$

b) P(Mann kauft Schuhe) $= 1 - P(\text{Frau kauft Schuhe}) = 1 - 0,855$
$\qquad\qquad\qquad\qquad\qquad\qquad\qquad\qquad\qquad = 0,145 = 14,5\,\%$

oder

$$P(\text{Mann kauft Schuhe}) = P(s \cap \male) + P(b \cap \male) + P(f \cap \male)$$
$$= 0{,}25 \cdot 0{,}2 + 0{,}4 \cdot 0{,}15 + 0{,}35 \cdot 0{,}1 = 0{,}145 = 14{,}5\,\%$$

$$P(\text{Frau kauft farbige Schuhe}) = P_\female(f) = \frac{P(\female \cap f)}{P(\female)} = \frac{P(f \cap \female)}{P(\female)} = \frac{0{,}35 \cdot 0{,}9}{0{,}855}$$
$$\approx 0{,}3684 = 36{,}84\,\%$$

$$P(\text{Mann kauft keine farbigen Schuhe}) = P_\male(\overline{f}) = \frac{P(\male \cap \overline{f})}{P(\male)}$$

$$= \frac{P(\overline{f} \cap \male)}{P(\male)} = \frac{0{,}25 \cdot 0{,}2 + 0{,}4 \cdot 0{,}15}{1 - 0{,}855}$$

$$\approx 0{,}7586 = 75{,}86\,\%$$

93. Da das Tetraeder vier gleich wahrscheinliche Seitenflächen besitzt, gibt es beim dreimaligen Wurf insgesamt $4 \cdot 4 \cdot 4 = 64$ verschiedene gleich wahrscheinliche Ergebnisse.

a) Die Augensumme größer 10 wird erreicht, wenn 443 oder 434 oder 344 oder 444 gewürfelt wird. Somit:

$$P(\text{Augensumme größer 10}) = \frac{4}{64} = 0{,}0625 = 6{,}25\,\%$$

b) P(Augensumme größer 10 ist und die ersten beiden Würfe 4)

$$= P(443;\,444) = \frac{2}{64} = 0{,}03125 = 3{,}125\,\%$$

c) P(Augensumme größer 10, wenn die ersten beiden Würfe 4)

$$= P_{\text{ersten beiden Würfe 4}}(\text{Augensumme größer 10})$$

$$= \frac{P(\text{Augensumme größer 10} \cap \text{ersten beiden Würfe 4})}{P(\text{ersten beiden Würfe 4})}$$

$$= \frac{0{,}03125}{P(441;\,442;\,443;\,444)} = \frac{0{,}03125}{\frac{4}{64}} = 0{,}5 = 50\,\%$$

oder

Es gibt 4 Möglichkeiten, bei den ersten beiden Würfen 4 zu haben (441; 442; 443; 444), von denen nur zwei (443; 444) eine Augensumme größer 10 erzielen. Somit:

$$P(\text{Augensumme größer 10, wenn die ersten beiden Würfe 4}) = \frac{2}{4} = 50\,\%$$

d) P(ersten beiden Würfe 4, wenn die Augensumme größer 10)

$= P_{\text{Augensumme größer 10}}(\text{ersten beiden Würfe 4})$

$= \dfrac{P(\text{Augensumme größer 10} \cap \text{ersten beiden Würfe 4})}{P(\text{Augensumme größer 10})}$

$= \dfrac{0{,}03125}{0{,}0625} = 0{,}5 = 50\,\%$

oder

Es gibt 4 Möglichkeiten, die Augensumme 10 zu übertreffen (443; 434; 344; 444), von denen nur zwei (443; 444) bei den ersten beiden Würfen 4 aufweisen.

Somit:

P(ersten beiden Würfe 4, wenn die Augensumme größer 10) $= \dfrac{2}{4} = 50\,\%$

94. a) Der Anteil der Jungen sei x, dann ist der Anteil der Mädchen $1 - x$. Das arithmetische Mittel („insgesamt") beträgt 46 %. Somit:

$$0{,}49 \cdot x + 0{,}43 \cdot (1 - x) = 0{,}46$$
$$0{,}49x + 0{,}43 - 0{,}43x = 0{,}46$$
$$0{,}06x + 0{,}43 = 0{,}46$$
$$0{,}06x = 0{,}03$$
$$x = 0{,}5$$
$$x = 50\,\%$$

An der Befragung haben 50 % Jungen teilgenommen.

b)

	sieht regelmäßig Nachrichtensendungen	sieht nicht regelmäßig Nachrichtensendungen	
Junge	24,5 % da 49 % von 50 % = 0,245	**25,5 %**	50 %
Mädchen	21,5 % da 43 % von 50 % = 0,215	**28,5 %**	50 %
	46 %	**54 %**	100 %

c) P(jemand, der regelmäßig Nachrichtensendungen sieht, ist ein Mädchen)

$= P_{\text{sieht regelmäßig Nachrichtensendungen}}(\text{Mädchen})$

$= \dfrac{P(\text{sieht regelmäßig Nachrichtensendungen} \cap \text{Mädchen})}{P(\text{sieht regelmäßig Nachrichtensendungen})}$

$= \dfrac{0{,}215}{0{,}46} \approx 0{,}4674 = 46{,}74\,\%$

P(jemand, der nicht regelmäßig Nachrichtensendungen sieht, ist ein Junge)

$= P_{\text{sieht nicht regelmäßig Nachrichtensendungen}}(\text{Junge})$

$= \dfrac{P(\text{sieht nicht regelmäßig Nachrichtensendungen} \cap \text{Junge})}{P(\text{sieht nicht regelmäßig Nachrichtensendungen})}$

$= \dfrac{0{,}255}{0{,}54} \approx 0{,}4722 = 47{,}22\,\%$

d) P(Nachrichtensendungen im ARD sehen)

$= 19\,\% \text{ von } 46\,\% = 0{,}19 \cdot 0{,}46 = 0{,}0874 = 8{,}74\,\%$

P(Mädchen, das Nachrichtensendungen auf ARD sieht)

$= 16\,\% \text{ von } 21{,}5\,\% = 0{,}16 \cdot 0{,}215 = 0{,}0344 = 3{,}44\,\%$

P(jemand, der Nachrichtensendungen im ARD sieht, ist ein Junge)

$= P_{\text{Nachrichtensendungen im ARD}}(\text{Junge})$

$= \dfrac{P(\text{Nachrichtensendungen im ARD} \cap \text{Junge})}{P(\text{Nachrichtensendungen im ARD})}$

$= \dfrac{23\,\% \text{ von } 24{,}5\,\%}{19\,\% \text{ von } 46\,\%} = \dfrac{0{,}23 \cdot 0{,}245}{0{,}19 \cdot 0{,}46} \approx 0{,}6447 = 64{,}47\,\%$

95. Michaels Vierfeldertafel ist richtig:

	D	$\overline{D}$	
F	95,8 Millionen	3,1 Millionen	98,9 Millionen
$\overline{F}$	234,5 Millionen	60,6 Millionen	295,1 Millionen
	330,3 Millionen	63,7 Millionen	394 Millionen

P(ausländischer Gast und nicht Ferienhaus) $= P(\overline{D} \cap \overline{F}) = 60{,}6$ Millionen

Hier hat Michael statt der Wahrscheinlichkeit $P(\overline{D} \cap \overline{F})$ die absolute Häufigkeit $|\overline{D} \cap \overline{F}|$ angegeben, wodurch er die Bedingung $0 \le P \le 1$ verletzt. Die richtige Antwort muss lauten:

$P(\overline{D} \cap \overline{F}) = \dfrac{|\overline{D} \cap \overline{F}|}{|\Omega|} = \dfrac{60{,}6 \text{ Millionen}}{394 \text{ Millionen}} \approx 0{,}1538 = 15{,}38\,\%$

$$P(\text{Deutscher, wenn Ferienhaus}) = \frac{98{,}9 \text{ Millionen}}{330{,}3 \text{ Millionen}} \approx 0{,}2994 = 29{,}94 \,\%$$

Hier hat Michael gerechnet:

$$P(\text{Deutscher, wenn Ferienhaus}) = \frac{P(F)}{P(D)}$$

Die richtige Formel für diese bedingte Wahrscheinlichkcit lautet aber·

$$P(\text{Deutscher, wenn Ferienhaus}) = P_F(D) = \frac{P(F \cap D)}{P(F)}$$

Somit:

$$P(\text{Deutscher, wenn Ferienhaus}) = P_F(D) = \frac{P(F \cap D)}{P(F)}$$

$$= \frac{95{,}8 \text{ Millionen}}{98{,}9 \text{ Millionen}} \approx 0{,}9687 = 96{,}87 \,\%$$

$$P(\text{Ferienhaus, wenn Deutscher}) = \frac{95{,}8 \text{ Millionen}}{98{,}9 \text{ Millionen}} \approx 0{,}9687 = 96{,}87 \,\%$$

Hier hat Michael die beiden Ereignisse vertauscht und $P_F(D)$ statt $P_D(F)$ berechnet. Richtig muss die Lösung der Aufgabe lauten:

$$P(\text{Ferienhaus, wenn Deutscher}) = P_D(F) = \frac{P(D \cap F)}{P(D)} = \frac{P(F \cap D)}{P(D)}$$

$$= \frac{95{,}8 \text{ Millionen}}{330{,}3 \text{ Millionen}} \approx 0{,}2900 = 29 \,\%$$

$$P(\text{ausländischer Gast, wenn nicht Ferienhaus}) = \frac{60{,}6 \text{ Millionen}}{98{,}9 \text{ Millionen}} \approx 61{,}27 \,\%$$

Hier hat Michael im Nenner statt $P(\overline{F})$ die Wahrscheinlichkeit $P(F)$ verwendet. Die richtige Lösung lautet:

$$P(\text{ausländischer Gast, wenn nicht Ferienhaus}) = P_{\overline{F}}(\overline{D}) = \frac{P(\overline{F} \cap \overline{D})}{P(\overline{F})}$$

$$= \frac{60{,}6 \text{ Millionen}}{295{,}1 \text{ Millionen}}$$

$$\approx 0{,}2054 = 20{,}54 \,\%$$

96. Mit W: „Werbung gesehen" und K: „beworbenes Getränk gekauft" sind die folgenden Wahrscheinlichkeiten gegeben:

$$P(W) = 0,75 \qquad \Rightarrow \quad P(\overline{W}) = 0,25$$

$$P_W(\overline{K}) = 0,24 \qquad \Rightarrow \quad P_W(K) = 0,76$$

$$P(\overline{W} \cap K) = 0,11$$

Im Folgenden werden 2 Lösungswege gezeigt.

1. Lösungsweg: mit Baumdiagramm

Trägt man alle gegebenen Wahrscheinlichkeiten in ein Baumdiagramm ein, so erhält man:

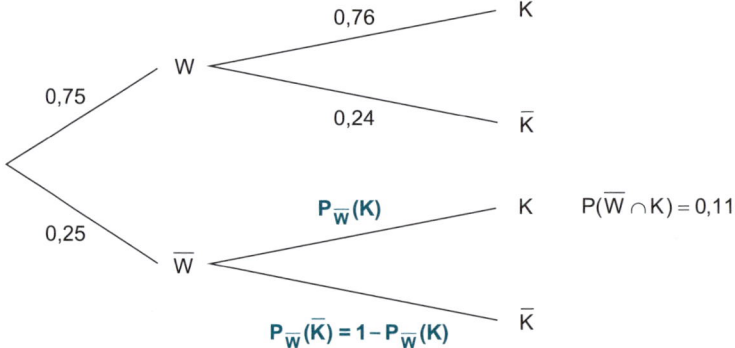

a) Gesucht ist:

P(Proband, der Werbung nicht gesehen, kauft das Getränk nicht) = $P_{\overline{W}}(\overline{K})$

Da die Wahrscheinlichkeit einer Schnittmenge $P(\overline{W} \cap K) = 0,11$ gegeben ist und eine bedingte Wahrscheinlichkeit gesucht wird, hilft die 1. Pfadregel weiter. Und zwar kann man zunächst $P_{\overline{W}}(K)$ und darüber dann $P_{\overline{W}}(\overline{K})$ als $1 - P_{\overline{W}}(K)$ berechnen:

$$P(\overline{W} \cap K) = P(\overline{W}) \cdot P_{\overline{W}}(K)$$

Hieraus folgt:

$$0,11 = 0,25 \cdot P_{\overline{W}}(K)$$

$$P_{\overline{W}}(K) = \frac{0,11}{0,25} = 0,44 = 44\,\%$$

Somit:

$$P_{\overline{W}}(\overline{K}) = 1 - P_{\overline{W}}(K) = 1 - 0,44 = 0,56 = 56\,\%$$

b) Gesucht ist die Wahrscheinlichkeit $P(\overline{K})$. Sie ergibt sich als Summe von zwei Pfaden:

P(beworbenes Getränk wird nicht gekauft)

$$= P(\overline{K})$$
$$= P(W \cap \overline{K}) + P(\overline{W} \cap \overline{K})$$
$$= P(W) \cdot P_W(\overline{K}) + P(\overline{W}) \cdot P_{\overline{W}}(\overline{K})$$
$$= 0,75 \cdot 0,24 + 0,25 \cdot 0,56 = 0,32 = 32\,\%$$

c) Hier ist eine bedingte Wahrscheinlichkeit gesucht. Die Bedingung ist das Ereignis K, also dass das beworbene Getränk gekauft wird.

P(Käufer des beworbenen Getränks hat Werbung gesehen)

$$= P_K(W) = \frac{P(K \cap W)}{P(K)} = \frac{P(W \cap K)}{P(K)}$$

$$= \frac{P(W) \cdot P_W(K)}{P(W) \cdot P_W(K) + P(\overline{W}) \cdot P_{\overline{W}}(K)} = \frac{0,75 \cdot 0,76}{0,75 \cdot 0,76 + 0,25 \cdot 0,44}$$

$$\approx 0,8382 = 83,82\,\%$$

2. Lösungsweg: mit Vierfeldertafel

Man beginnt die Lösung der Aufgabe mit einer Vierfeldertafel.

Zu berechnen ist dafür: $P(W \cap \overline{K}) = P(W) \cdot P_W(\overline{K}) = 0,75 \cdot 0,24 = 0,18$

	K	$\overline{K}$	
W	**57 %**	18 %	75 %
$\overline{W}$	11 %	**14 %**	**25 %**
	68 %	**32 %**	100 %

Dann ergibt sich:

a) $P_{\overline{W}}(\overline{K}) = \dfrac{P(\overline{W} \cap \overline{K})}{P(\overline{W})} = \dfrac{0,14}{0,25} = 0,56 = 56\,\%$

b) $P(\overline{K}) = 32\,\%$

c) $P_K(W) = \dfrac{P(K \cap W)}{P(K)} = \dfrac{0,57}{0,68} \approx 0,8382 = 83,82\,\%$

97. Behauptung A

Sara hat zwar richtig gerechnet, sich aber nicht korrekt ausgedrückt.

Richtig muss es heißen:

- $100\,\% - 83\,\% = 17\,\%$ aller Jugendlichen besitzen kein **internetfähiges** Handy,
- $83\,\% - 34\,\% = 49\,\%$ besitzen ein internetfähiges Handy **ohne** Internet-Flatrate,
- $34\,\%$ haben ein internetfähiges Handy **mit** Internet-Flatrate.

Behauptung B

Sara hat recht, da:

$P(\text{Junge} \cap \text{internetfähiges Handy}) = 0{,}49 \cdot 0{,}85 = 0{,}4165$

$P(\text{Mädchen} \cap \text{internetfähiges Handy}) = 0{,}51 \cdot 0{,}81 = 0{,}4131$

Somit:

$P(\text{Junge} \cap \text{internetfähiges Handy}) > P(\text{Mädchen} \cap \text{internetfähiges Handy})$

Behauptung C

Die Grundmenge, von der hier ausgegangen wird, sind die Jugendlichen mit internetfähigem Handy ohne Internet-Flatrate. Um Saras Ergebnis zu überprüfen, muss also eine bedingte Wahrscheinlichkeit berechnet werden mit der Bedingung „Jugendliche mit internetfähigem Handy ohne Internet-Flatrate".

Sara hat nicht recht, da mit HoF: „internetfähiges Handy ohne Internet-Flatrate" gilt:

$$P_{\text{HoF}}(\text{Junge}) = \frac{P(\text{HoF} \cap \text{Junge})}{P(\text{HoF})} = \frac{P(\text{Junge} \cap \text{HoF})}{P(\text{HoF})}$$

$$= \frac{P(\text{Junge}) \cdot P_{\text{Junge}}(\text{HoF})}{P(\text{HoF})} = \frac{0{,}49 \cdot 0{,}49}{0{,}49 \cdot 0{,}49 + 0{,}51 \cdot 0{,}48}$$

$$\approx 0{,}4952 = 49{,}52\,\%$$

$$P_{\text{HoF}}(\text{Mädchen}) = \frac{P(\text{HoF} \cap \text{Mädchen})}{P(\text{HoF})} = \frac{P(\text{Mädchen} \cap \text{HoF})}{P(\text{HoF})}$$

$$= \frac{P(\text{Mädchen}) \cdot P_{\text{Mädchen}}(\text{HoF})}{P(\text{HoF})} = \frac{0{,}51 \cdot 0{,}48}{0{,}49 \cdot 0{,}49 + 0{,}51 \cdot 0{,}48}$$

$$\approx 0{,}5048 = 50{,}48\,\%$$

oder

$$P_{\text{HoF}}(\text{Mädchen}) = P_{\text{HoF}}(\overline{\text{Junge}}) = 1 - P_{\text{HoF}}(\text{Junge})$$

$$= 1 - 0{,}4952 = 0{,}5048 = 50{,}48\,\%$$

Es sind also weniger Jungen als Mädchen unter den Jugendlichen mit internetfähigem Handy ohne Internet-Flatrate.

Behauptung D

Sara hat recht, da mit kiH: „kein internetfähiges Handy" gilt:

$$P_{kiH}(\text{Junge}) = \frac{P(kiH \cap \text{Junge})}{P(kiH)} = \frac{P(\text{Junge} \cap kiH)}{P(kiH)}$$

$$= \frac{P(\text{Junge}) \cdot P_{\text{Junge}}(kiH)}{P(kiH)} = \frac{0,49 \cdot 0,15}{0,49 \cdot 0,15 + 0,51 \cdot 0,19}$$

$$\approx 0,4313 = 43,13\,\%$$

$$P_{kiH}(\text{Mädchen}) = P_{kiH}(\overline{\text{Junge}}) = 1 - P_{kiH}(\text{Junge})$$

$$= 1 - 0,4313 = 0,5687 = 56,87\,\%$$

Wenn ein Jugendlicher kein internetfähiges Handy besitzt, so ist es wirklich eher ein Mädchen, denn $P_{kiH}(\text{Junge}) < P_{kiH}(\text{Mädchen})$.

98. a) Den Prozentsatz derer, die ihr Handy während der Unterrichtszeit wirklich ausgeschaltet haben, erfährt man also nur, falls eine 5 oder 6 gewürfelt wird. Dieser Prozentsatz entspricht somit $P_{5;\,6}(\text{JA})$. Er sei x.

Mit „NEIN" antwortet, wer 1 oder 2 würfelt oder wer mit dem Würfel-ergebnis 5 oder 6 ehrlich antwortet.

Sie können sich die Situation an einem Baumdiagramm klarmachen:

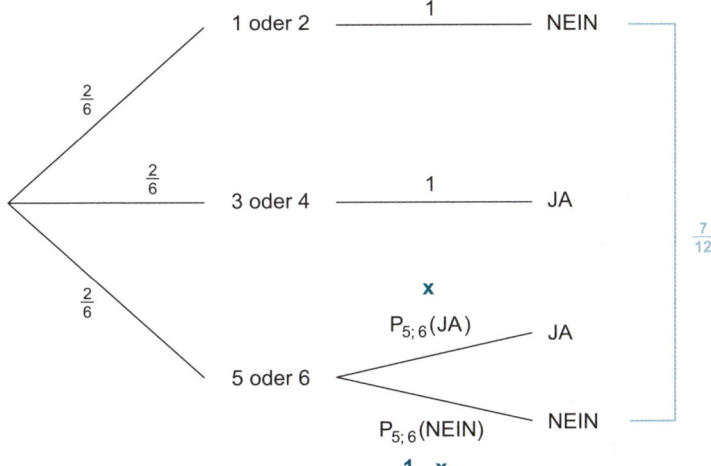

x berechnet sich zu:

$$P(\text{NEIN}) = \tfrac{7}{12}$$

$$P(1;2) + P(5;6) \cdot P_{5;6}(\text{NEIN}) = \tfrac{7}{12}$$

$$\tfrac{2}{6} + \tfrac{2}{6} \cdot (1-x) = \tfrac{7}{12}$$

$$\tfrac{2}{6} + \tfrac{2}{6} - \tfrac{2}{6}x = \tfrac{7}{12}$$

$$-\tfrac{2}{6}x = -\tfrac{1}{12}$$

$$x = \tfrac{1}{4} = 0,25 = 25\,\%$$

25 % der Schüler haben ihr Handy während der Unterrichtszeit wirklich ausgeschaltet.

b) Bekannt ist, dass die Antwort JA lautet. Gesucht ist der Anteil der Schüler, die diese Antwort durch den Wurf einer 5 oder 6 gegeben haben.

$$P_{JA}(5;6) = \frac{P(JA \cap 5;6)}{P(JA)} = \frac{P(5;6 \cap JA)}{P(JA)} = \frac{P(5;6) \cdot P_{5;6}(JA)}{P(3;4) + P(5;6) \cdot P_{5;6}(JA)}$$

$$= \frac{\tfrac{2}{6} \cdot \tfrac{1}{4}}{\tfrac{2}{6} + \tfrac{2}{6} \cdot \tfrac{1}{4}} = \tfrac{1}{5} = 0,2 = 20\,\%$$

99. a) Mit B: „Proband ist blond" und G: „Proband ist gut in Mathematik" sind die folgenden Wahrscheinlichkeiten gegeben:

$P(B) = 22\,\%$
$P(G) = 35\,\%$
$P(G \cap B) = 7,7\,\%$

1. Lösungsweg: mit Vierfeldertafel
Da die Wahrscheinlichkeiten zweier Ereignisse und ihrer Schnittmenge gegeben sind, hilft eine Vierfeldertafel weiter:

	G	$\overline{G}$	
B	7,7 %	14,3 %	22 %
$\overline{B}$	27,3 %	50,7 %	78 %
	35 %	65 %	100 %

P(weder blond noch gut in Mathematik) = $P(\overline{B} \cap \overline{G}) = 50,7\,\%$

$$P(\text{blonder Proband ist gut in Mathematik}) = P_B(G) = \frac{P(B \cap G)}{P(B)} = \frac{0{,}077}{0{,}22}$$

$$= 0{,}35 = 35\,\%$$

$$P(\text{in Mathematik nicht guter Proband ist blond}) = P_{\overline{G}}(B) = \frac{P(\overline{G} \cap B)}{P(\overline{G})}$$

$$= \frac{0{,}143}{0{,}65} = 0{,}22 = 22\,\%$$

2. Lösungsweg: ohne Vierfeldertafel

$$P_G(B) = \frac{P(G \cap B)}{P(G)} = \frac{0{,}077}{0{,}35} = 0{,}22 \quad \Rightarrow \quad P_G(\overline{B}) = 0{,}78$$

$$P_B(G) = \frac{P(B \cap G)}{P(B)} = \frac{0{,}077}{0{,}22} = 0{,}35 \quad \Rightarrow \quad P_B(\overline{G}) = 0{,}65$$

$$P(\text{weder blond noch gut in Mathe}) = P(\overline{B} \cap \overline{G})$$

$$= 1 - [P(B \cap G) + P(\overline{B} \cap G) + P(B \cap \overline{G})]$$

$$= 1 - [0{,}077 + P(G) \cdot P_G(\overline{B}) + P(B) \cdot P_B(\overline{G})]$$

$$= 1 - [0{,}077 + 0{,}35 \cdot 0{,}78 + 0{,}22 \cdot 0{,}65]$$

$$= 0{,}507 = 50{,}7\,\%$$

$$P(\text{blonder Proband ist gut in Mathematik}) = P_B(G) = \frac{P(B \cap G)}{P(B)} = \frac{0{,}077}{0{,}22}$$

$$= 0{,}35 = 35\,\%$$

$$P(\text{in Mathematik nicht guter Proband ist blond}) = P_{\overline{G}}(B) = \frac{P(\overline{G} \cap B)}{P(\overline{G})}$$

$$= \frac{P(B) \cdot P_B(\overline{G})}{P(\overline{G})} = \frac{0{,}22 \cdot 0{,}65}{0{,}65}$$

$$= 0{,}22 = 22\,\%$$

b) Die Ergebnisse von Teilaufgabe a zeigen:

$$P_B(G) = \frac{P(B \cap G)}{P(B)} = 35\,\% = P(G)$$

Unter allen Blonden ist der Anteil, der in Mathematik gut ist, also genauso groß wie der Anteil der in Mathematik Guten unter allen. Damit ist die gute Mathematikleistung unter den Blonden genauso verteilt wie unter allen Probanden.

Entsprechend:

$$P_{\overline{G}}(B) = \frac{P(\overline{G} \cap B)}{P(\overline{G})} = 22\,\% = P(B)$$

Unter allen in Mathematik schlechten Probanden ist der Anteil, der blond ist, also genauso groß wie der Anteil der Blonden unter allen. Damit ist also die Haarfarbe Blond unter den in Mathematik Schlechten genauso verteilt wie unter allen Probanden.

Haarfarbe und Mathematikleistung haben also nichts miteinander zu tun.

Stichwortverzeichnis

Bildnachweis

Umschlagbild: © Micha360/Dreamstime.com

Seite 1: Federn: © Akinshin/Dreamstime.com; Gewicht: © Kvihauk/Dreamstime.com

Seite 2: Schale: © Kristina Shukurova – Fotolia.com; Kugeln: © Foto Zihlmann – Fotolia.com; Tetraeder: © Fabricio Simeoni De Sousa/Dreamstime.com

Seite 3: Schale: © rare – Fotolia.com

Seite 5: Skat: © Dipego/Dreamstime.com

Seite 6: Gummibärchen: © foto.fred – Fotolia.com

Seite 7: Müslischale: © Vitaly Korovin – Fotolia.com

Seite 12: Zahlenplättchen: © www.hpunkt.de – Fotolia.com

Seite 14: Eisbecher: © Suhendri Utet/Dreamstime.com; Muffin: © Spe/Dreamstime.com

Seite 17: Regal: © LaCatrina – Fotolia.com

Seite 18: Karten: © idesign-er – sxc.hu

Seite 19: Piggi Slot Machine: © Valdum/Dreamstime.com; Chip: © PociKe – Fotolia.com

Seite 20: Blöcke: © Josep Altarriba – sxc.hu; © ilco/scx.hu

Seite 21: Baby: © Boris Ryaposov/Dreamstime.com

Seite 23: Staatliche Lotterieverwaltung (Hrsg.): Glücksblatt. Das kostenlose Magazin Ihrer Lotto-Annahmestelle. Nr. 19 vom 08. 05. 2012

Seite 28: Block: © Davide Guglielmo – sxc.hu

Seite 29: Kinder: © Gennadiy Poznyakov – Fotolia.com

Seite 30: Amsel: © Prentiss40/Dreamstime.com; Star: © Steve Byland/Dreamstime.com; Buchfink: © Andrew Howe/iStockphoto; Dohle: © Andreas Trepte, www.photo-natur.de. http://commons.wikimedia.org/wiki/File:Western_Jackdaw.jpg. CC BY-SA 2.5

Seite 31: Block: © Davide Guglielmo/sxc.hu; Schere-Stein-Papier: © K-Maddin, http://de.wikipedia.org/w/index.php?title=Datei:Schere_Stein_Papier.jpg&filetimestamp=20080517173237. CC BY-SA 3.0

Seite 36: Gummibärchen: © mo-ment – Fotolia.com

Seite 37: Kugelschreiber: © Design56/Dreamstime.com; Leuchtstifte: © Stark Verlag; Buntstifte: © Stark Verlag

Seite 41: Schulgebäude: © cfarmer – Fotolia.com

Seite 46: Chinas mobile Revolution: © Flurry, Inc.; eBooks: statista, lizenziert unter cc-by-nd-3.0-de. Daten nach: Goldmedia/BITKOM.; eBook-Reader: © Gh19/Dreamstime.com

Seite 48: Streichholz: © Ralphhuygen/Dreamstime.com

Seite 52: Fernsehkonsum: Daten nach: Statistisches Bundesamt (Hrsg.): Statistisches Jahrbuch 2012. Wiesbaden: Oktober 2012, S. 207; Fernseher: © Sebastian Kaulitzki – Fotolia.com; Austausch Filme/Musik: Quelle: Allensbacher Archiv, IfD-Umfrage 10093 (Juli 2012). Basis: Bundesrepublik Deutschland, Bevölkerung ab 16 Jahre.

Seite 53: spielendes Kind: © SergiyN – Fotolia.com; Daten nach: Eurostat

Seite 54: lesender Junge: © gosphotodesign – Fotolia.com; Buch: © Andrzej Tokarski – Fotolia.com; Daten nach: Eurostat

Seite 55: Evolution des deutschen Internets: Daten nach: DENIC eG; Facebook: PwC (Hrsg.): Social Media Deutschland. „The winner takes it all." Studie unter 1000 Nutzern zu ihrer Einstellung zu sozialen Medien. Februar 2012

Seite 66: Katzen: © Yoyoshot/Dreamstime.com

Seite 67: Ferkel: © Eric Isselée – Fotolia.com; Block: © Lev Kropotov/Dreamstime.com; Baby: © redfloor – sxc.hu

Seite 69: Strand: © Pakhnyushchyy – Fotolia.com; Daten: © Deutscher Wetterdienst

Seite 71: Jugendliche: © Valua Vitaly/Dreamstime.com

Seite 80: Hochseilgarten: © ARochau – Fotolia.com

Seite 82:   Astragali: © Arjan Dice, http://commons.wikimedia.org/wiki/File:Knuck_dice_
            Steatite_37x27x21_mm.JPG. CC BY-SA 3.0
Seite 83:   Würfel: © Sarej – sxc.hu; © Grum_l – Fotolia.com;
            © Nikita Rogul/Dreamstime.com
Seite 84:   Notizzettel: © Nikolai Sorokin/Dreamstime.com
Seite 92:   Spielplan: © Stark Verlag
Seite 94:   Billardkugeln: © Winterling/Dreamstime.com
Seite 103: Osternest: © maunzel – Fotolia.com
Seite 106: Basketballspiel: © Franz Pfluegl – Dreamstime.com
Seite 107: Mädchen: © Martinmark/Dreamstime.com
Seite 113: Zeitung: © sanja gjenero/sxc.hu
Seite 115: Fernseher: © Torbz – Fotolia.com; Nachrichtensprecher:
            © Rui Matos/Dreamstime.com
Seite 118: Tafel: © Stark Verlag
Seite 119: Mädchen: © coldwaterman – Fotolia.com; Essen: Bauer Media Group (Hrsg.):
            BRAVO Dr.-Sommer-Studie 2009. Liebe! Körper! Sexualität! Durchgeführt von:
            iconkids & youth, München, S. 50.
Seite 120: Köchin: © Karin & Uwe Annas – Fotolia.com; Daten nach: Daten nach:
            Statistisches Bundesamt, Wiesbaden 2010
Seite 121: Hanteln: © Africa Studio – Fotolia.com
Seite 125: Koch: © Kzenon – Fotolia.com
Seite 127: Daten nach: Keller, Matthias/Haustein, Thomas: Vereinbarkeit von Familie und
            Beruf. Ergebnisse des Mikrozensus 2011. © Statistisches Bundesamt, Wiesbaden
Seite 130: Paar: © Picture-Factory – Fotolia.com
Seite 131: Führungspositionen: Daten nach: SPIEGEL-Umfrage: Quoten für Führungsposi-
            tionen? In: DER SPIEGEL 5/2011, S. 63
Seite 132: Nachrichtensendungen: JIM-Studie 2011, Medienpädagogischer Forschungsver-
            bund Südwest, S. 25. www.mpfs.de
Seite 134: Junge: © Willeecole/Dreamstime.com; internetfähiges Handy: JIM-Studie 2012,
            Medienpädagogischer Forschungsverbund Südwest, S. 54. www.mpfs.de
Seite 135: Würfelbecher: © kickers – iStockphoto.com

BERUF & KARRIERE

Alle Themen rund um Ausbildung, Bewerbung, Berufswahl und Karriere

Welcher Beruf passt zu mir?

Kompetent und praxisnah gehen die Autoren auf alle wichtigen Punkte zum Thema ein.

In diesem Band:

- Alle Ausbildungswege nach der Schule im Überblick
- Erprobtes, mehrstufiges Testverfahren zur Berufsfindung
- Zusatztest für Abiturienten
- Vollständig aktualisiert: Mehr als 150 Berufe im Porträt

Dr. Angela Verse-Herrmann
Dr. Dieter Hermann
Der große Berufswahltest
227 Seiten, 16,2 x 22,9 cm
Broschur
ISBN 978-3-8490-3048-3
Best.-Nr. E10503
Preis € 17,95

www.berufundkarriere.de

schultrainer.de Der Blog, der Schule macht

Witzige, interessante und schlaue Storys, Fakten und Spiele zum Thema Lernen und Wissen – gibt's nicht? Gibt' s doch! Auf **schultrainer.de** machen dich die Lernexperten vom STARK Verlag fit für die Schule.

Schau doch vorbei: **www.schultrainer.de**